Pratiquer

Eureka Math
5e année Maitrise

Great Minds PBC is the creator of Eureka Math®,
Wit & Wisdom®, Alexandria Plan™, and PhD Science™.

Published by Great Minds PBC. greatminds.org

Copyright © 2020 Great Minds PBC. All rights reserved. No part of this work may be reproduced or used in any form or by any means—graphic, electronic, or mechanical, including photocopying or information storage and retrieval systems—without written permission from the copyright holder.

ISBN 978-1-64929-103-5

1 2 3 4 5 6 7 8 9 10 CCD 25 24 23 22 21 20

Printed in the USA

Apprendre ♦ Pratiquer ♦ Réussir

Le matériel pédagogique d'Eureka Math® pour *A Story of Units*® (K-5) est proposé dans le trio *Apprendre, Pratiquer, Réussir* Cette série prend en charge la différenciation et la remédiation tout en gardant les documents pour les étudiants organisés et accessibles. Les éducateurs constateront que la série *Apprendre, Pratiquer,* et *Réussir* propose également des ressources cohérentes—et donc plus efficaces—pour la réponse à l'intervention (RAI), la pratique supplémentaire et l'apprentissage pendant l'été.

Apprendre

Apprendre d'Eureka Math sert de compagnon de classe aux élèves, où ils montrent leurs réflexions, partagent ce qu'ils savent et voient leurs connaissances s'enrichir chaque jour. *Apprendre* rassemble le travail quotidien en classe—Problèmes applicatifs, Tickets de sortie, Ensembles de problèmes, Modèles—dans un volume organisé et facilement navigable.

Pratiquer

Chaque leçon *Eureka Math* commence par une série d'activités de perfectionnement énergiques et joyeuses, y compris celles se trouvant dans *Pratiquer d'Eureka Math*. Les élèves qui maîtrisent déjà leurs savoirs en mathématiques peuvent acquérir une plus grande maîtrise pratique, encore plus approfondie. Avec *Pratiquer,* les élèves acquièrent des compétences dans les savoirs nouvellement acquis et renforcent leurs apprentissages antérieurs en vue de la leçon suivante.

Ensemble, *Apprendre* et *Pratiquer* fournissent tout le matériel imprimé que les élèves utiliseront pour leur enseignement fondamental des mathématiques.

Réussir

Réussir d'Eureka Math permet aux élèves de travailler individuellement vers leur maîtrise. Ces ensembles additionnels de problèmes font correspondre chaque leçon à l'enseignement en classe, ce qui les rend idéaux comme devoirs ou entraînements supplémentaires. Chaque ensemble de problèmes est accompagné d'une Aide aux devoirs, un ensemble d'exemples concrets qui illustrent comment résoudre des problèmes similaires.

Les enseignants et les tuteurs peuvent utiliser les livres *Réussir* des niveaux précédents comme outils cohérents avec le programme pour combler des lacunes dans les connaissances fondamentales. Les élèves s'épanouiront et progresseront plus rapidement parce que les modèles familiers facilitent les connexions au contenu de leur niveau scolaire actuel.

Élèves, familles, et éducateurs :

Merci de faire partie de la communauté *Eureka Math®*, qui célèbre la passion, l'émerveillement et le plaisir des mathématiques. L'une des marques de notre enthousiasme les plus évidentes est la fluidité des activités proposées dans *Eureka Math Practice*.

Qu'est-ce que la maîtrise en mathématiques ?

Vous associez peut-être la maîtrise aux arts du langage, où ce terme désigne la facilité à communiquer à l'oral et à l'écrit. De la petite section de maternelle au CM2 année, le programme *Eureka Math* offre de multiples occasions quotidiennes de développer la maîtrise *des mathématiques*. Tous sont conçus avec la même notion à l'esprit : permettre à chaque élève d'utiliser les mathématiques *avec facilité*. La fluidité des expériences se caractérise généralement par un rythme rapide et énergique, qui récompense les progrès réalisés et se concentre sur la reconnaissance des schémas et des connexions au sein de la matière étudiée. Ces exercices ne sont pas destinés à être notés.

Les exercices de mathématiques *d'Eureka Math* permettent une pratique différenciée à travers une variété de formats : certains sont effectués à l'oral, d'autres à l'aide de supports à manipuler, d'autres encore à l'aide d'une ardoise et d'autres encore à l'aide de documents à distribuer et d'un format papier-crayon. Les exercices *d'Eureka Math Practice* fournissent à chaque étudiant les exercices imprimés à son niveau.

Qu'est-ce qu'un sprint ?

De nombreuses activités de maîtrise de la langue écrite utilisent le format appelé Sprint. Ces exercices renforcent la vitesse et la précision avec les compétences déjà acquises. Utilisé lorsque les étudiants approchent d'un niveau de compétence optimal, le sprint permet d'exploiter cette cadence pour produire une poussée d'adrénaline à faible enjeu qui augmente la mémorisation. La conception des sprints les rend intrinsèquement différenciés ; les problèmes vont du plus simple au plus complexe, le premier quadrant de problèmes étant le plus simple et chaque quadrant suivant ajoutant de la complexité. En outre, les schémas intentionnels dans la séquence des problèmes font appel aux capacités de réflexion supérieures des élèves.

Le format proposé pour la réalisation d'un sprint prévoit que les élèves effectuent deux sprints consécutifs (appelés A et B) sur la même compétence, chacun chronométré à une minute. Les élèves font une pause entre deux sprints pour articuler les motifs qu'ils ont remarqués en travaillant le premier sprint. Le fait de remarquer les schémas leur permet d'améliorer naturellement leurs performances lors du deuxième sprint.

Les sprints peuvent également être effectués de façon non chronométrée. Il est fortement recommandé de ne pas chronométrer lorsque les élèves sont encore en train de se familiariser avec le niveau de complexité du premier quadrant de problèmes. Une fois que tous les élèves sont prêts à réussir le sprint, le travail d'amélioration de la vitesse et de la précision avec l'énergie d'un protocole chronométré se révèle souvent bienvenu et stimulant.

Où puis-je trouver d'autres activités de maîtrise ?

La version pour enseignants *d'Eureka Math guide les éducateurs* pour la réalisation de toutes les activités de maîtrise de la langue pour chaque leçon, y compris celles qui ne nécessitent pas de matériel imprimé. En outre, la suite numérique *Eureka donne accès* aux activités de maîtrise pour tous les niveaux scolaires, avec une recherche par norme ou par leçon.

Meilleurs vœux pour une année remplie de découvertes !

Jill Diniz

Jill Diniz
Directeur des mathématiques
Great Minds

Contenu

Module 1

Leçon 1 : Multipliez par 10 Sprint 3

Leçon 1 : Tableau des valeurs de position des centaines et des centièmes non étiqueté 7

Leçon 3 : Multipliez par 3 Sprint 9

Leçon 5 : multiplier les décimales par 10, 100 et 1 000 sprints 13

Leçon 7 : Trouver le sprint médian 17

Leçon 9 : Arrondir au sprint le plus proche 21

Leçon 12 : Ajouter des décimales Sprint 25

Leçon 13 : Soustraire les décimales du sprint 29

Leçon 15 : Multiplier par les exposants Sprint 33

Leçon 16 : Multiplier et diviser par exposants Sprint 37

Module 2

Leçon 2 : Multipliez par 10, 100 et 1000 Sprint 43

Leçon 5 : Estimer les produits 47

Leçon 6 : Multiplication mentale 49

Leçon 7 : Multiplier par multiples de 10 et 100 Sprint 51

Leçon 11 : Multiplier les décimales Sprint 55

Leçon 15 : Convertir des pouces en pieds et en pouces Sprint 59

Leçon 16 : Division par multiples de 10 et 100 Sprint 63

Leçon 28 : Diviser les décimales par multiples de 10 Sprint 67

Module 3

Leçon 1 : Écrire le sprint du facteur manquant 73

Leçon 2 : Trouver le numérateur ou le dénominateur manquant sprint 77

Leçon 3 : Trouver le numérateur ou le dénominateur manquant Sprint 81

Leçon 5 : Soustraire des fractions dun nombre entier Sprint 85

Leçon 7 : Encerclez la fraction équivalente Sprint 89

Leçon 9 : Ajouter et soustraire des fractions avec des unités similaires Sprint 93

Leçon 10 : Ajouter et soustraire des nombres entiers et des unités avec des unités de fraction Sprint 97

Leçon 12 : Soustraire des fractions avec des unités contraire Sprint 101

Leçon 14 : Faire de plus grandes unités Sprint 105

Leçon 15 : Entourez la plus petite fraction Sprint 109

Module 4

Leçon 6 : Diviser les nombres entiers Sprint 115

Leçon 14 : Multipliez une fraction et un nombre entier Sprint 119

Leçon 18 : Multiplier les fractions Sprint 123

Leçon 21 : Multiplier les décimales Sprint 127

Leçon 30 : Diviser les nombres entiers par fractions et les fractions par nombres entiers Sprint 131

Leçon 33 : Diviser les décimales Sprint 135

Module 5

Leçon 3 : Multipliez une fraction et un nombre entier Sprint 141

Leçon 7 : Multiplier les fractions Sprint 145

Leçon 11 : Multiplier les décimales Sprint 149

Leçon 18 : Diviser les nombres entiers par fractions et les fractions par nombres entiers Sprint 153

Leçon 19 : Multipliez par des multiples de 10 et 100 Sprint 157

Leçon 21 : Division par multiples de 10 et 100 Sprint 161

Module 6

Leçon 3 : grille de coordonnées 167

Leçon 4 : Grille de coordonnées 169

Leçon 6 : Tableau de valeur de position des millions aux millièmes 171

Leçon 7 : Grille de coordonnées 173

Leçon 8 : multiplier les décimales par 10, 100 et 1 000 sprints 175

Leçon 8 : Insertion de grille de coordonnées 179

Leçon 11 : Arrondir à l'unité la plus proche Sprint 181

Leçon 12 : Soustraire les décimales Sprint 185

Leçon 19 : Faire de plus grandes unités Sprint 189

Leçon 20 : Soustraire des fractions dun nombre entier Sprint 193

Leçon 23 : Changer des nombres mixtes en fractions impropres Sprint 197

Leçon 29 : Multiplier les décimales Sprint 201

Leçon 33 : Diviser les décimales Sprint 205

5e année

Module 1

UNE HISTOIRE D'UNITÉS   Leçon 1 Sprint 5•1

A

Numéro correct : _____

Multipliez par 10

1.	12 × 10 =	
2.	14 × 10 =	
3.	15 × 10 =	
4.	17 × 10 =	
5.	81 × 10 =	
6.	10 × 81 =	
7.	21 × 10 =	
8.	22 × 10 =	
9.	23 × 10 =	
10.	29 × 10 =	
11.	92 × 10 =	
12.	10 × 92 =	
13.	18 × 10 =	
14.	19 × 10 =	
15.	20 × 10 =	
16.	30 × 10 =	
17.	40 × 10 =	
18.	80 × 10 =	
19.	10 × 80 =	
20.	10 × 50 =	
21.	10 × 90 =	
22.	10 × 70 =	

23.	34 × 10 =	
24.	134 × 10 =	
25.	234 × 10 =	
26.	334 × 10 =	
27.	834 × 10 =	
28.	10 × 834 =	
29.	45 × 10 =	
30.	145 × 10 =	
31.	245 × 10 =	
32.	345 × 10 =	
33.	945 × 10 =	
34.	56 × 10 =	
35.	456 × 10 =	
36.	556 × 10 =	
37.	950 × 10 =	
38.	10 × 950 =	
39.	16 × 10 =	
40.	10 × 60 =	
41.	493 × dix =	
42.	10 × 84 =	
43.	96 × 10 =	
44.	10 × 580 =	

EUREKA MATH

Leçon 1 : Raisinnez concrètement et graphiquement en utilisant la compréhension de la valeur de position pour associer les unités de base dix adjacentes de millions à millièmes.

Copyright © Great Minds PBC

B

Numéro correct : _____

Multipliez par 10

Amélioration : _____

1.	13 × 10 =			23.	43 × 10 =	
2.	14 × 10 =			24.	143 × 10 =	
3.	15 × 10 =			25.	243 × 10 =	
4.	19 × 10 =			26.	343 × 10 =	
5.	91 × 10 =			27.	743 × 10 =	
6.	10 × 91 =			28.	10 × 743 =	
7.	31 × 10 =			29.	54 × 10 =	
8.	32 × 10 =			30.	154 × 10 =	
9.	33 × 10 =			31.	254 × 10 =	
10.	38 × 10 =			32.	354 × 10 =	
11.	83 × 10 =			33.	854 × 10 =	
12.	10 × 83 =			34.	65 × 10 =	
13.	28 × 10 =			35.	465 × 10 =	
14.	29 × 10 =			36.	565 × 10 =	
15.	30 × 10 =			37.	960 × 10 =	
16.	40 × 10 =			38.	10 × 960 =	
17.	50 × 10 =			39.	17 × 10 =	
18.	90 × 10 =			40.	10 × 70 =	
19.	10 × 90 =			41.	582 × 10 =	
20.	10 × 20 =			42.	10 × 73 =	
21.	10 × 60 =			43.	98 × 10 =	
22.	10 × 80 =			44.	10 × 470 =	

UNE HISTOIRE D'UNITÉS — Leçon 1 Sprint — 5•1

Leçon 1 : Raisinnez concrètement et graphiquement en utilisant la compréhension de la valeur de position pour associer les unités de base dix adjacentes de millions à millièmes.

tableau des valeurs de position des centaines à centièmes sans étiquette

Leçon 1 : Raisinnez concrètement et graphiquement en utilisant la compréhension de la valeur de position pour associer les unités de base dix adjacentes de millions à millièmes.

A

UNE HISTOIRE D'UNITÉS — Leçon 3 Sprint — 5•1

Numéro correct : _____

Multipliez par 3

1.	1 × 3 =		23.	10 × 3 =	
2.	3 × 1 =		24.	9 × 3 =	
3.	2 × 3 =		25.	4 × 3 =	
4.	3 × 2 =		26.	8 × 3 =	
5.	3 × 3 =		27.	5 × 3 =	
6.	4 × 3 =		28.	7 × 3 =	
7.	3 × 4 =		29.	6 × 3 =	
8.	5 × 3 =		30.	3 × 10 =	
9.	3 × 5 =		31.	3 × 5 =	
10.	6 × 3 =		32.	3 × 6 =	
11.	3 × 6 =		33.	3 × 1 =	
12.	7 × 3 =		34.	3 × 9 =	
13.	3 × 7 =		35.	3 × 4 =	
14.	8 × 3 =		36.	3 × 3 =	
15.	3 × 8 =		37.	3 × 2 =	
16.	9 × 3 =		38.	3 × 7 =	
17.	3 × 9 =		39.	3 × 8 =	
18.	10 × 3 =		40.	11 × 3 =	
19.	3 × 10 =		41.	3 × 11 =	
20.	3 × 3 =		42.	12 × 3 =	
21.	1 × 3 =		43.	3 × 13 =	
22.	2 × 3 =		44.	13 × 3 =	

Leçon 3 : Utilisez des exposants pour nommer les unités de valeur de position et expliquez les placements du point décimal.

UNE HISTOIRE D'UNITÉS   Leçon 3 Sprint 5•1

B

Numéro correct : _____

Multipliez par 3   Amélioration : _____

1.	3 × 1 =		23.	9 × 3 =	
2.	1 × 3 =		24.	3 × 3 =	
3.	3 × 2 =		25.	8 × 3 =	
4.	2 × 3 =		26.	4 × 3 =	
5.	3 × 3 =		27.	7 × 3 =	
6.	3 × 4 =		28.	5 × 3 =	
7.	4 × 3 =		29.	6 × 3 =	
8.	3 × 5 =		30.	3 × 5 =	
9.	5 × 3 =		31.	3 × 10 =	
10.	3 × 6 =		32.	3 × 1 =	
11.	6 × 3 =		33.	3 × 6 =	
12.	3 × 7 =		34.	3 × 4 =	
13.	7 × 3 =		35.	3 × 9 =	
14.	3 × 8 =		36.	3 × 2 =	
15.	8 × 3 =		37.	3 × 7 =	
16.	3 × 9 =		38.	3 × 3 =	
17.	9 × 3 =		39.	3 × 8 =	
18.	3 × 10 =		40.	11 × 3 =	
19.	10 × 3 =		41.	3 × 11 =	
20.	1 × 3 =		42.	13 × 3 =	
21.	10 × 3 =		43.	3 × 13 =	
22.	2 × 3 =		44.	12 × 3 =	

Leçon 3 : Utilisez des exposants pour nommer les unités de valeur de position et expliquez les placements du point décimal.

A

Numéro correct : _____

Multiplier les décimales par 10, 100 et 1 000

1.	62,3 × 10 =	
2.	62,3 × 100 =	
3.	62,3 × 1 000 =	
4.	73,6 × 10 =	
5.	73,6 × 100 =	
6.	73,6 × 1 000 =	
7.	0,6 × 10 =	
8.	0,06 × 10 =	
9.	0,006 × 10 =	
10.	0,3 × 10 =	
11.	0,3 × 100 =	
12.	0,3 × 1 000 =	
13.	0,02 × 10 =	
14.	0,02 × 100 =	
15.	0,02 × 1 000 =	
16.	0,008 × 10 =	
17.	0,008 × 100 =	
18.	0,008 × 1 000 =	
19.	0,32 × 10 =	
20.	0,67 × 10 =	
21.	0,91 × 100 =	
22.	0,74 × 100 =	

23.	4,1 × 1 000 =	
24.	7,6 × 1 000 =	
25.	0,01 × 1 000 =	
26.	0,07 × 1 000 =	
27.	0,072 × 100 =	
28.	0,802 × 10 =	
29.	0,019 × 1 000 =	
30.	7,412 × 1 000 =	
31.	6,8 × 100 =	
32.	4,901 × 10 =	
33.	16,07 × 100 =	
34.	9,19 × 10 =	
35.	18,2 × 100 =	
36.	14,7 × 1 000 =	
37.	2,021 × 100 =	
38.	172,1 × 10 =	
39.	3,2 × 20 =	
40.	4,1 × 20 =	
41.	3,2 × 30 =	
42.	1,3 × 30 =	
43.	3,12 × 40 =	
44.	14,12 × 40 =	

Leçon 5 : Nommez les fractions décimales sous forme développée, unité et mot en appliquant le raisonnement de la valeur de position.

B

Numéro correct : _____

Multiplier les décimales par 10, 100 et 1 000

Amélioration : _____

1.	46,1 × 10 =		23.	5,2 × 1 000 =	
2.	46,1 × 100 =		24.	8,7 × 1 000 =	
3.	46,1 × 1 000 =		25.	0,01 × 1 000 =	
4.	89,2 × 10 =		26.	0,08 × 1 000 =	
5.	89,2 × 100 =		27.	0,083 × 10 =	
6.	89,2 × 1 000 =		28.	0,903 × 10 =	
7.	0,3 × 10 =		29.	0,017 × 1 000 =	
8.	0,03 × 10 =		30.	8,523 × 1 000 =	
9.	0,003 × 10 =		31.	7,9 × 100 =	
10.	0,9 × 10 =		32.	5,802 × 10 =	
11.	0,9 × 100 =		33.	27,08 × 100 =	
12.	0,9 × 1 000 =		34.	8,18 × 10 =	
13.	0,04 × 10 =		35.	29,3 × 100 =	
14.	0,04 × 100 =		36.	25,8 × 1 000 =	
15.	0,04 × 1 000 =		37.	3,032 × 100 =	
16.	0,007 × 10 =		38.	283,1 × 10 =	
17.	0,007 × 100 =		39.	2,1 × 20 =	
18.	0,007 × 1 000 =		40.	3,3 × 20 =	
19.	0,45 × 10 =		41.	3,1 × 30 =	
20.	0,78 × 10 =		42.	1,2 × 30 =	
21.	0,28 × 100 =		43.	2,11 × 40 =	
22.	0,19 × 100 =		44.	13,11 × 40 =	

Leçon 5 : Nommez les fractions décimales sous forme développée, unité et mot en appliquant le raisonnement de la valeur de position.

A

Leçon 7 Sprint

Numéro correct : _____

Trouvez le point médian

1.	0	10
2.	0	1
3.	0	0,01
4.	10	20
5.	1	2
6.	2	3
7.	3	4
8.	7	8
9.	1	2
10.	0,1	0,2
11.	0,2	0,3
12.	0,3	0,4
13.	0,7	0,8
14.	0,1	0,2
15.	0,01	0,02
16.	0,02	0,03
17.	0,03	0,04
18.	0,07	0,08
19.	6	7
20.	16	17
21.	38	39
22.	0,4	0,5

23.	8,5	8,6
24.	2,8	2,9
25.	0,03	0,04
26.	0,13	0,14
27.	0,37	0,38
28.	80	90
29.	90	100
30.	8	9
31.	9	10
32.	0,8	0,9
33.	0,9	1
34.	0,08	0,09
35.	0,09	0,1
36.	26	27
37.	7,8	7,9
38.	1,26	1,27
39.	29	30
40.	9,9	10
41.	7,9	8
42.	1,59	1,6
43.	1,79	1,8
44.	3,99	4

Leçon 7 : Arrondir une décimale donnée à n'importe quel endroit en utilisant la compréhension de la valeur de position et la ligne numérique.

B

Numéro correct : _____

Trouvez le point médian

Amélioration : _____

1.	10	20	23.	0,7	0,8
2.	1	2	24.	4,7	4,8
3.	0,1	0,2	25.	2,3	2,4
4.	0,01	0,02	26.	0,02	0,03
5.	0	10	27.	0,12	0,13
6.	0	1	28.	0,47	0,48
7.	1	2	29.	80	90
8.	2	3	30.	90	100
9.	6	7	31.	8	9
10.	1	2	32.	9	10
11.	0,1	0,2	33.	0,8	0,9
12.	0,2	0,3	34.	0,9	1
13.	0,3	0,4	35.	0,08	0,09
14.	0,6	0,7	36.	0,09	0,1
15.	0,1	0,2	37.	36	37
16.	0,01	0,02	38.	6,8	6,9
17.	0,02	0,03	39.	1,46	1,47
18.	0,03	0,04	40.	39	40
19.	0,06	0,07	41.	9,9	10
20.	7	8	42.	6,9	7
21.	17	18	43.	1,29	1,3
22.	47	48	44.	6,99	7

Leçon 7 : Arrondir une décimale donnée à n'importe quel endroit en utilisant la compréhension de la valeur de position et la ligne numérique.

A

Numéro correct : _____

Arrondissez au plus proche

1.	3,1 ≈		23.	12,51 ≈	
2.	3,2 ≈		24.	16,61 ≈	
3.	3,3 ≈		25.	17,41 ≈	
4.	3,4 ≈		26.	11,51 ≈	
5.	3,5 ≈		27.	11,49 ≈	
6.	3,6 ≈		28.	13,49 ≈	
7.	3,9 ≈		29.	13,51 ≈	
8.	13,9 ≈		30.	15,51 ≈	
9.	13,1 ≈		31.	15,49 ≈	
10.	13,5 ≈		32.	6,3 ≈	
11.	7,5 ≈		33.	7,6 ≈	
12.	8,5 ≈		34.	49,5 ≈	
13.	9,5 ≈		35.	3,45 ≈	
14.	19,5 ≈		36.	17,46 ≈	
15.	29,5 ≈		37.	11,76 ≈	
16.	89,5 ≈		38.	5,2 ≈	
17.	2,4 ≈		39.	12,8 ≈	
18.	2,41 ≈		40.	59,5 ≈	
19.	2,42 ≈		41.	5,45 ≈	
20.	2,45 ≈		42.	19,47 ≈	
21.	2,49 ≈		43.	19,87 ≈	
22.	2,51 ≈		44.	69,51 ≈	

Leçon 9 : Ajoutez des décimales à l'aide de stratégies de valeur de position et reliez ces stratégies à une méthode écrite.

B

Numéro correct : _____

Arrondissez au plus proche

Amélioration : _____

1.	4,1 ≈			23.	13,51 ≈	
2.	4,2 ≈			24.	17,61 ≈	
3.	4,3 ≈			25.	18,41 ≈	
4.	4,4 ≈			26.	12,51 ≈	
5.	4,5 ≈			27.	12,49 ≈	
6.	4,6 ≈			28.	14,49 ≈	
7.	4,9 ≈			29.	14,51 ≈	
8.	14,9 ≈			30.	16,51 ≈	
9.	14,1 ≈			31.	16,49 ≈	
10.	14,5 ≈			32.	7,3 ≈	
11.	7,5 ≈			33.	8,6 ≈	
12.	8,5 ≈			34.	39,5 ≈	
13.	9,5 ≈			35.	4,45 ≈	
14.	19,5 ≈			36.	18,46 ≈	
15.	29,5 ≈			37.	12,76 ≈	
16.	79,5 ≈			38.	6,2 ≈	
17.	3,4 ≈			39.	13,8 ≈	
18.	3,41 ≈			40.	49,5 ≈	
19.	3,42 ≈			41.	6,45 ≈	
20.	3,45 ≈			42.	19,48 ≈	
21.	3,49 ≈			43.	19,78 ≈	
22.	3,51 ≈			44.	59,51 ≈	

Leçon 9 : Ajoutez des décimales à l'aide de stratégies de valeur de position et reliez ces stratégies à une méthode écrite.

UNE HISTOIRE D'UNITÉS Leçon 12 Sprint 5•1

A

Numéro correct : _____

Ajoutez des décimales

1.	3 + 1 =	
2.	3,5 + 1 =	
3.	3,52 + 1 =	
4.	0,3 + 0,1 =	
5.	0,37 + 0,1 =	
6.	5,37 + 0,1 =	
7.	0,03 + 0,01 =	
8.	0,83 + 0,01 =	
9.	2,83 + 0,01 =	
10.	30 + 10 =	
11.	32 + 10 =	
12.	32,5 + 10 =	
13.	32,58 + 10 =	
14.	40,789 + 1 =	
15.	4 + 1 =	
16.	4,6 + 1 =	
17.	4,62 + 1 =	
18.	4,628 + 1 =	
19.	4,628 + 0,1 =	
20.	4,628 + 0,01 =	
21.	4,628 + 0,001 =	
22.	27,048 + 0,1 =	

23.	5 + 0,1 =	
24.	5,7 + 0,1 =	
25.	5,73 + 0,1 =	
26.	5,736 + 0,1 =	
27.	5,736 + 1 =	
28.	5,736 + 0,01 =	
29.	5,736 + 0,001 =	
30.	6,208 + 0,01 =	
31.	3 + 0,01 =	
32.	3,5 + 0,01 =	
33.	3,58 + 0,01 =	
34.	3,584 + 0,01 =	
35.	3,584 + 0,001 =	
36.	3,584 + 0,1 =	
37.	3,584 + 1 =	
38.	6,804 + 0,01 =	
39.	8,642 + 0,001 =	
40.	7,65 + 0,001 =	
41.	3,987 + 0,1 =	
42.	4,279 + 0,001 =	
43.	13,579 + 0,01 =	
44.	15,491 + 0,01 =	

Leçon 12 : Multipliez une fraction décimale par des nombres entiers à un chiffre, y compris en utilisant l'estimation pour confirmer le placement du point décimal.

B

Numéro correct : _____

Ajoutez des décimales

Amélioration : _____

1.	2 + 1 =		23.	4 + 0,1 =	
2.	2,5 + 1 =		24.	4,7 + 0,1 =	
3.	2,53 + 1 =		25.	4,73 + 0,1 =	
4.	0,2 + 0,1 =		26.	4,736 + 0,1 =	
5.	0,27 + 0,1 =		27.	4,736 + 1 =	
6.	5,27 + 0,1 =		28.	4,736 + 0,01 =	
7.	0,02 + 0,01 =		29.	4,736 + 0,001 =	
8.	0,82 + 0,01 =		30.	5,208 + 0,01 =	
9.	4,82 + 0,01 =		31.	2 + 0,01 =	
10.	20 + 10 =		32.	2,5 + 0,01 =	
11.	23 + 10 =		33.	2,58 + 0,01 =	
12.	23,5 + 10 =		34.	2,584 + 0,01 =	
13.	23,58 + 10 =		35.	2,584 + 0,001 =	
14.	30,789 + 1 =		36.	2,584 + 0,1 =	
15.	3 + 1 =		37.	2,584 + 1 =	
16.	3,6 + 1 =		38.	5,804 + 0,01 =	
17.	3,62 + 1 =		39.	7,642 + 0,001 =	
18.	3,628 + 1 =		40.	6,75 + 0,001 =	
19.	3,628 + 0,1 =		41.	2,987 + 0,1 =	
20.	3,628 + 0,01 =		42.	3,279 + 0,001 =	
21.	3,628 + 0,001 =		43.	12,579 + 0,01 =	
22.	37,048 + 0,1 =		44.	14,391 + 0,01 =	

Leçon 12 : Multipliez une fraction décimale par des nombres entiers à un chiffre, y compris en utilisant l'estimation pour confirmer le placement du point décimal.

A

Numéro correct : _____

Soustraire les décimales

1.	5 - 1 =		23.	7,985 - 0,002 =	
2.	5,9 - 1 =		24.	7,985 - 0,004 =	
3.	5,93 - 1 =		25.	2,7 - 0,1 =	
4.	5,932 - 1 =		26.	2,785 - 0,1 =	
5.	5,932 - 2 =		27.	2,785 - 0,5 =	
6.	5,932 - 4 =		28.	4,913 - 0,4 =	
7.	0,5 - 0,1 =		29.	3,58 - 0,01 =	
8.	0,53 - 0,1 =		30.	3,586 - 0,01 =	
9.	0,539 - 0,1 =		31.	3,586 - 0,05 =	
10.	8,539 - 0,1 =		32.	7,982 - 0,04 =	
11.	8,539 - 0,2 =		33.	6,126 - 0,001 =	
12.	8,539 - 0,4 =		34.	6,126 - 0,004 =	
13.	0,05 - 0,01 =		35.	9,348 - 0,006 =	
14.	0,057 - 0,01 =		36.	8,347 - 0,3 =	
15.	1,057 - 0,01 =		37.	9,157 - 0,05 =	
16.	1,857 - 0,01 =		38.	6,879 - 0,009 =	
17.	1,857 - 0,02 =		39.	6,548 - 2 =	
18.	1,857 - 0,04 =		40.	6,548 - 0,2 =	
19.	0,005 - 0,001 =		41.	6,548 - 0,02 =	
20.	7,005 - 0,001 =		42.	6,548 - 0,002 =	
21.	7,905 - 0,001 =		43.	6,196 - 0,06 =	
22.	7,985 - 0,001 =		44.	9,517 - 0,004 =	

Leçon 13 : Divisez les décimales par des nombres entiers à un chiffre impliquant facilement multiples identifiables utilisant la compréhension de la valeur de position et reliant à une méthode écrite.

B

Numéro correct : _____

Soustraire les décimales

Amélioration : _____

#	Question		#	Question	
1.	6 - 1 =		23.	7,986 - 0,002 =	
2.	6,9 - 1 =		24.	7,986 - 0,004 =	
3.	6,93 - 1 =		25.	3,7 - 0,1 =	
4.	6,932 - 1 =		26.	3,785 - 0,1 =	
5.	6,932 - 2 =		27.	3,785 - 0,5 =	
6.	6,932 - 4 =		28.	5,924 - 0,4 =	
7.	0,6 - 0,1 =		29.	4,58 - 0,01 =	
8.	0,63 - 0,1 =		30.	4,586 - 0,01 =	
9.	0,639 - 0,1 =		31.	4,586 - 0,05 =	
10.	8,639 - 0,1 =		32.	6,183 - 0,04 =	
11.	8,639 - 0,2 =		33.	7,127 - 0,001 =	
12.	8,639 - 0,4 =		34.	7,127 - 0,004 =	
13.	0,06 - 0,01 =		35.	1,459 - 0,006 =	
14.	0,067 - 0,01 =		36.	8,457 - 0,4 =	
15.	1,067 - 0,01 =		37.	1,267 - 0,06 =	
16.	1,867 - 0,01 =		38.	7,981 - 0,001 =	
17.	1,867 - 0,02 =		39.	7,548 - 2 =	
18.	1,867 - 0,04 =		40.	7,548 - 0,2 =	
19.	0,006 - 0,001 =		41.	7,548 - 0,02 =	
20.	7,006 - 0,001 =		42.	7,548 - 0,002 =	
21.	7,906 - 0,001 =		43.	7,197 - 0,06 =	
22.	7,986 - 0,001 =		44.	1,627 - 0,004 =	

Leçon 13 : Divisez les décimales par des nombres entiers à un chiffre impliquant facilement multiples identifiables utilisant la compréhension de la valeur de position et reliant à une méthode écrite.

A

Numéro correct : _____

Multipliez par les exposants

1.	$10 \times 10 =$		23.	$24 \times 10^2 =$	
2.	$10^2 =$		24.	$24,7 \times 10^2 =$	
3.	$10^2 \times 10 =$		25.	$24,07 \times 10^2 =$	
4.	$10^3 =$		26.	$24,007 \times 10^2 =$	
5.	$10^3 \times 10 =$		27.	$53 \times 1\,000 =$	
6.	$10^4 =$		28.	$53 \times 10^3 =$	
7.	$3 \times 100 =$		29.	$53,8 \times 10^3 =$	
8.	$3 \times 10^2 =$		30.	$53,08 \times 10^3 =$	
9.	$3,1 \times 10^2 =$		31.	$53,082 \times 10^3 =$	
10.	$3,15 \times 10^2 =$		32.	$9,1 \times 10\,000 =$	
11.	$3,157 \times 10^2 =$		33.	$9,1 \times 10^4 =$	
12.	$4 \times 1\,000 =$		34.	$91,4 \times 10^4 =$	
13.	$4 \times 10^3 =$		35.	$91,10\ 4 \times 10^4 =$	
14.	$4,2 \times 10^3 =$		36.	$91,107 \times 10^4 =$	
15.	$4,28 \times 10^3 =$		37.	$1,2 \times 10^2 =$	
16.	$4,283 \times 10^3 =$		38.	$0,35 \times 10^3 =$	
17.	$5 \times 10\,000 =$		39.	$5,492 \times 10^4 =$	
18.	$5 \times 10^4 =$		40.	$8,04 \times 10^3 =$	
19.	$5,7 \times 10^4 =$		41.	$7,109 \times 10^4 =$	
20.	$5,73 \times 10^4 =$		42.	$0,058 \times 10^2 =$	
21.	$5,731 \times 10^4 =$		43.	$20,78 \times 10^3 =$	
22.	$24 \times 100 =$		44.	$420,079 \times 10^2 =$	

Leçon 15 : Divisez les décimales en utilisant la compréhension de la valeur de position, y compris les restes dans la plus petite unité.

B

Numéro correct : _____

Multipliez par les exposants

Amélioration : _____

1.	$10 \times 10 \times 1 =$		23.	$42 \times 10^2 =$	
2.	$10^2 =$		24.	$42,7 \times 10^2 =$	
3.	$10^2 \times 10 =$		25.	$42,07 \times 10^2 =$	
4.	$10^3 =$		26.	$42,007 \times 10^2 =$	
5.	$10^3 \times 10 =$		27.	$35 \times 1\,000 =$	
6.	$10^4 =$		28.	$35 \times 10^3 =$	
7.	$4 \times 100 =$		29.	$35,8 \times 10^3 =$	
8.	$4 \times 10^2 =$		30.	$35,08 \times 10^3 =$	
9.	$4,1 \times 10^2 =$		31.	$35,082 \times 10^3 =$	
10.	$4,15 \times 10^2 =$		32.	$8,1 \times 10\,000 =$	
11.	$4,157 \times 10^2 =$		33.	$8,1 \times 10^4 =$	
12.	$5 \times 1\,000 =$		34.	$81,4 \times 10^4 =$	
13.	$5 \times 10^3 =$		35.	$81,104 \times 0^4 =$	
14.	$5,2 \times 10^3 =$		36.	$81,107 \times 10^4 =$	
15.	$5,28 \times 10^3 =$		37.	$1,3 \times 10^2 =$	
16.	$5,283 \times 10^3 =$		38.	$0,53 \times 10^3 =$	
17.	$7 \times 10\,000 =$		39.	$4,391 \times 10^4 =$	
18.	$7 \times 10^4 =$		40.	$7,03 \times 10^3 =$	
19.	$7,5 \times 10^4 =$		41.	$6,109 \times 10^4 =$	
20.	$7,53 \times 10^4 =$		42.	$0,085 \times 10^2 =$	
21.	$7,531 \times 10^4 =$		43.	$30,87 \times 10^3 =$	
22.	$42 \times 100 =$		44.	$530,097 \times 10^2 =$	

Leçon 15 : Divisez les décimales en utilisant la compréhension de la valeur de position, y compris les restes dans la plus petite unité.

A

Numéro correct : _____

Multipliez et divisez par exposants

1.	$10 \times 10 =$		23.	$3\,400 \div 10^2 =$	
2.	$10^2 =$		24.	$3\,470 \div 10^2 =$	
3.	$10^2 \times 10 =$		25.	$3\,407 \div 10^2 =$	
4.	$10^3 =$		26.	$3\,400{,}7 \div 10^2 =$	
5.	$10^3 \times 10 =$		27.	$63\,000 \div 1\,000 =$	
6.	$10^4 =$		28.	$63\,000 \div 10^3 =$	
7.	$3 \times 100 =$		29.	$63\,800 \div 10^3 =$	
8.	$3 \times 10^2 =$		30.	$63\,080 \div 10^3 =$	
9.	$3{,}1 \times 10^2 =$		31.	$63\,082 \div 10^3 =$	
10.	$3{,}15 \times 10^2 =$		32.	$81\,000 \div 10\,000 =$	
11.	$3{,}157 \times 10^2 =$		33.	$81\,000 \div 10^4 =$	
12.	$4 \times 1\,000 =$		34.	$81\,400 \div 10^4 =$	
13.	$4 \times 10^3 =$		35.	$81\,040 \div 10^4 =$	
14.	$4{,}2 \times 10^3 =$		36.	$91\,070 \div 10^4 =$	
15.	$4{,}28 \times 10^3 =$		37.	$120 \div 10^2 =$	
16.	$4{,}283 \times 10^3 =$		38.	$350 \div 10^3 =$	
17.	$5 \times 10\,000 =$		39.	$45\,920 \div 10^4 =$	
18.	$5 \times 10^4 =$		40.	$6\,040 \div 10^3 =$	
19.	$5{,}7 \times 10^4 =$		41.	$61\,080 \div 10^4 =$	
20.	$5{,}73 \times 10^4 =$		42.	$7{,}8 \div 10^2 =$	
21.	$5{,}731 \times 10^4 =$		43.	$40\,870 \div 10^3 =$	
22.	$24 \times 100 =$		44.	$52\,070{,}9 \div 10^2 =$	

Leçon 16 : Résolvez les problèmes de mots à l'aide d'opérations décimales.

UNE HISTOIRE D'UNITÉS   **Leçon 16 Sprint** 5•1

B

Numéro correct : _____

Multiplier et diviser par les exposants   Amélioration : _____

1.	$10 \times 10 \times 1 =$		23.	$4\,300 \div 10^2 =$	
2.	$10^2 =$		24.	$4\,370 \div 10^2 =$	
3.	$10^2 \times 10 =$		25.	$4\,307 \div 10^2 =$	
4.	$10^3 =$		26.	$4\,300{,}7 \div 10^2 =$	
5.	$10^3 \times 10 =$		27.	$73\,000 \div 1\,000 =$	
6.	$10^4 =$		28.	$73\,000 \div 10^3 =$	
7.	$500 \div 100 =$		29.	$73\,800 \div 10^3 =$	
8.	$500 \div 10^2 =$		30.	$73\,080 \div 10^3 =$	
9.	$510 \div 10^2 =$		31.	$73\,082 \div 10^3 =$	
10.	$516 \div 10^2 =$		32.	$91\,000 \div 10\,000 =$	
11.	$516{,}7 \div 10^2 =$		33.	$91\,000 \div 10^4 =$	
12.	$6\,000 \div 1\,000 =$		34.	$91\,400 \div 10^4 =$	
13.	$6\,000 \div 10^3 =$		35.	$91\,040 \div 10^4 =$	
14.	$6\,200 \div 10^3 =$		36.	$81\,070 \div 10^4 =$	
15.	$6\,280 \div 10^3 =$		37.	$170 \div 10^2 =$	
16.	$6\,283 \div 10^3 =$		38.	$450 \div 10^3 =$	
17.	$70\,000 \div 10\,000 =$		39.	$54\,920 \div 10^4 =$	
18.	$70\,000 \div 10^4 =$		40.	$4\,060 \div 10^3 =$	
19.	$76\,000 \div 10^4 =$		41.	$71\,080 \div 10^4 =$	
20.	$76\,300 \div 10^4 =$		42.	$8{,}7 \div 10^2 =$	
21.	$76\,310 \div 10^4 =$		43.	$60\,470 \div 10^3 =$	
22.	$4\,300 \div 100 =$		44.	$72\,050{,}9 \div 10^2 =$	

Leçon 16 :   Résolvez les problèmes de mots à l'aide d'opérations décimales.

5e année

Module 2

A

Réponses correctes : _____

Multiplie par 10, 100 et 1,000

1.	9 × 10 =		23.	73 × 1,000 =	
2.	9 × 100 =		24.	60 × 10 =	
3.	9 × 1,000 =		25.	600 × 10 =	
4.	8 × 10 =		26.	600 × 100 =	
5.	80 × 10 =		27.	65 × 100 =	
6.	80 × 100 =		28.	652 × 100 =	
7.	80 × 1,000 =		29.	342 × 100 =	
8.	7 × 10 =		30.	800 × 100 =	
9.	70 × 10 =		31.	800 × 1,000 =	
10.	700 × 10 =		32.	860 × 1,000 =	
11.	700 × 100 =		33.	867 × 1,000 =	
12.	700 × 1,000 =		34.	492 × 1,000 =	
13.	2 × 10 =		35.	34 × 10 =	
14.	30 × 10 =		36.	629 × 10 =	
15.	32 × 10 =		37.	94 × 100 =	
16.	4 × 10 =		38.	238 × 100 =	
17.	50 × 10 =		39.	47 × 1,000 =	
18.	54 × 10 =		40.	294 × 1,000 =	
19.	37 × 10 =		41.	174 × 100 =	
20.	84 × 10 =		42.	285 × 1,000 =	
21.	84 × 100 =		43.	951 × 100 =	
22.	84 × 1,000 =		44.	129 × 1,000 =	

Leçon 2 : Estimer les produits à plusieurs chiffres en arrondissant les facteurs à un calcul simple et en utilisant les schémas de la valeur de position.

B

UNE HISTOIRE D'UNITÉS — Leçon 2 Sprint 5•2

Réponses correctes : _____

Multiplie par 10, 100 et 1,000

Amélioration : _____

1.	8 × 10 =		23.	37 × 1,000 =	
2.	8 × 100 =		24.	50 × 10 =	
3.	8 × 1,000 =		25.	500 × 10 =	
4.	7 × 10 =		26.	500 × 100 =	
5.	70 × 10 =		27.	56 × 100 =	
6.	70 × 100 =		28.	562 × 100 =	
7.	70 × 1,000 =		29.	432 × 100 =	
8.	6 × 10 =		30.	700 × 100 =	
9.	60 × 10 =		31.	700 × 1,000 =	
10.	600 × 10 =		32.	760 × 1,000 =	
11.	600 × 100 =		33.	765 × 1,000 =	
12.	600 × 1,000 =		34.	942 × 1,000 =	
13.	3 × 10 =		35.	74 × 10 =	
14.	20 × 10 =		36.	269 × 10 =	
15.	23 × 10 =		37.	49 × 100 =	
16.	5 × 10 =		38.	328 × 100 =	
17.	40 × 10 =		39.	37 × 1,000 =	
18.	45 × 10 =		40.	924 × 1,000 =	
19.	73 × 10 =		41.	147 × 100 =	
20.	48 × 10 =		42.	825 × 1,000 =	
21.	48 × 100 =		43.	651 × 100 =	
22.	48 × 1,000 =		44.	192 × 1,000 =	

Leçon 2 : Estimer les produits à plusieurs chiffres en arrondissant les facteurs à un calcul simple et en utilisant les schémas de la valeur de position.

Leçon 5 Feuille de modèle

Estime, puis multiplie.

#			#		
1	29 × 11 ≈		23	801 × 31 ≈	
2	29 × 21 ≈		24	803 × 31 ≈	
3	29 × 31 ≈		25	703 × 31 ≈	
4	23 × 12 ≈		26	43 × 34 ≈	
5	23 × 22 ≈		27	53 × 34 ≈	
6	23 × 32 ≈		28	53 × 31 ≈	
7	23 × 42 ≈		29	53 × 51 ≈	
8	37 × 13 ≈		30	93 × 31 ≈	
9	37 × 23 ≈		31	913 × 31 ≈	
10	36 × 24 ≈		32	73 × 31 ≈	
11	24 × 36 ≈		33	723 × 31 ≈	
12	43 × 11 ≈		34	78 × 34 ≈	
13	43 × 21 ≈		35	798 × 34 ≈	
14	403 × 21 ≈		36	62 × 33 ≈	
15	303 × 21 ≈		37	642 × 33 ≈	
16	203 × 21 ≈		38	374 × 64 ≈	
17	41 × 11 ≈		39	64 × 374 ≈	
18	41 × 21 ≈		40	740 × 36 ≈	
19	41 × 31 ≈		41	750 × 36 ≈	
20	401 × 31 ≈		42	65 × 680 ≈	
21	501 × 31 ≈		43	849 × 84 ≈	
22	601 × 31 ≈		44	85 × 849 ≈	

estimer les produits

Leçon 5 : Relier des modèles visuels et la distributivité aux produits partiels de l'algorithme standard sans renommer.

Résous.

1	5 × 100 =		23	5000 − 50 =	
2	500 − 5 =		24	50 × 99 =	
3	5 × 99 =		25	80 × 100 =	
4	3 × 100 =		26	80 × 99 =	
5	300 − 3 =		27	60 × 100 =	
6	3 × 99 =		28	60 × 99 =	
7	2 × 100 =		29	11 × 100 =	
8	200 − 2 =		30	1100 − 11 =	
9	2 × 99 =		31	11 × 99 =	
10	6 × 100 =		32	21 × 100 =	
11	600 − 6 =		33	2100 − 21 =	
12	6 × 99 =		34	21 × 99 =	
13	4 × 100 =		35	31 × 100 =	
14	4 × 99 =		36	31 × 99 =	
15	7 × 100 =		37	71 × 100 =	
16	7 × 99 =		38	71 × 99 =	
17	9 × 100 =		39	42 × 100 =	
18	9 × 99 =		40	42 × 99 =	
19	8 × 100 =		41	53 × 99 =	
20	8 × 99 =		42	64 × 99 =	
21	5 × 100 =		43	75 × 99 =	
22	50 × 100 =		44	97 × 99 =	

multiplication mentale

Leçon 6: Relier des modèles de zone et la distributivité aux produits partiels de l'algorithme standard sans renommer.

A

Réponses correctes : _____

Multiplier par des multiples de 10 et de 100

1.	2 × 10 =		23.	33 × 20 =	
2.	12 × 10 =		24.	33 × 200 =	
3.	12 × 100 =		25.	24 × 10 =	
4.	4 × 10 =		26.	24 × 20 =	
5.	34 × 10 =		27.	24 × 100 =	
6.	34 × 100 =		28.	24 × 200 =	
7.	7 × 10 =		29.	23 × 30 =	
8.	27 × 10 =		30.	23 × 300 =	
9.	27 × 100 =		31.	71 × 2 =	
10.	3 × 10 =		32.	71 × 20 =	
11.	3 × 2 =		33.	14 × 2 =	
12.	3 × 20 =		34.	14 × 3 =	
13.	13 × 10 =		35.	14 × 30 =	
14.	13 × 2 =		36.	14 × 300 =	
15.	13 × 20 =		37.	82 × 20 =	
16.	13 × 100 =		38.	15 × 300 =	
17.	13 × 200 =		39.	71 × 600 =	
18.	2 × 4 =		40.	18 × 40 =	
19.	22 × 4 =		41.	75 × 30 =	
20.	22 × 40 =		42.	84 × 300 =	
21.	22 × 400 =		43.	87 × 60 =	
22.	33 × 2 =		44.	79 × 800 =	

Leçon 7 : Relier des modèles de zone et la distributivité aux produits partiels de l'algorithme standard sans renommer.

B

Réponses correctes : _____

Multiplier par des multiples de 10 et de 100

Amélioration : _____

1.	3 × 10 =	
2.	13 × 10 =	
3.	13 × 100 =	
4.	5 × 10 =	
5.	35 × 10 =	
6.	35 × 100 =	
7.	8 × 10 =	
8.	28 × 10 =	
9.	28 × 100 =	
10.	4 × 10 =	
11.	4 × 2 =	
12.	4 × 20 =	
13.	14 × 10 =	
14.	14 × 2 =	
15.	14 × 20 =	
16.	14 × 100 =	
17.	14 × 200 =	
18.	2 × 3 =	
19.	22 × 3 =	
20.	22 × 30 =	
21.	22 × 300 =	
22.	44 × 2 =	

23.	44 × 20 =	
24.	44 × 200 =	
25.	42 × 10 =	
26.	42 × 20 =	
27.	42 × 100 =	
28.	42 × 200 =	
29.	32 × 30 =	
30.	32 × 300 =	
31.	81 × 2 =	
32.	81 × 20 =	
33.	13 × 3 =	
34.	13 × 4 =	
35.	13 × 40 =	
36.	13 × 400 =	
37.	72 × 30 =	
38.	15 × 300 =	
39.	81 × 600 =	
40.	16 × 40 =	
41.	65 × 30 =	
42.	48 × 300 =	
43.	89 × 60 =	
44.	76 × 800 =	

A

Réponses correctes : _____

Multiplier des décimales

1.	3 × 3 =	
2.	0.3 × 3 =	
3.	0.03 × 3 =	
4.	3 × 2 =	
5.	0.3 × 2 =	
6.	0.03 × 2 =	
7.	2 × 2 =	
8.	0.2 × 2 =	
9.	0.02 × 2 =	
10.	5 × 3 =	
11.	0.5 × 3 =	
12.	0.05 × 3 =	
13.	0.04 × 3 =	
14.	0.4 × 3 =	
15.	4 × 3 =	
16.	5 × 5 =	
17.	0.5 × 5 =	
18.	0.05 × 5 =	
19.	7 × 4 =	
20.	0.7 × 4 =	
21.	0.07 × 4 =	
22.	0.9 × 4 =	

23.	8 × 5 =	
24.	0.8 × 5 =	
25.	0.08 × 5 =	
26.	0.06 × 5 =	
27.	0.06 × 3 =	
28.	0.6 × 5 =	
29.	0.06 × 2 =	
30.	0.06 × 7 =	
31.	0.9 × 6 =	
32.	0.06 × 9 =	
33.	0.09 × 9 =	
34.	0.8 × 8 =	
35.	0.07 × 7 =	
36.	0.6 × 6 =	
37.	0.05 × 5 =	
38.	0.6 × 8 =	
39.	0.07 × 9 =	
40.	0.8 × 3 =	
41.	0.09 × 6 =	
42.	0.5 × 7 =	
43.	0.12 × 4 =	
44.	0.12 × 9 =	

Leçon 11 : Multiplier des fractions décimales par des nombres entiers à plusieurs chiffres par la conversion à un problème de nombre entier et en réfléchissant à la place de la décimale.

B

Réponses correctes : _____

Multiplier des décimales

Amélioration : _____

1.	2 × 2 =	
2.	0.2 × 2 =	
3.	0.02 × 2 =	
4.	4 × 2 =	
5.	0.4 × 2 =	
6.	0.04 × 2 =	
7.	3 × 3 =	
8.	0.3 × 3 =	
9.	0.03 × 3 =	
10.	4 × 3 =	
11.	0.4 × 3 =	
12.	0.04 × 3 =	
13.	0.05 × 3 =	
14.	0.5 × 3 =	
15.	5 × 3 =	
16.	4 × 4 =	
17.	0.4 × 4 =	
18.	0.04 × 4 =	
19.	8 × 4 =	
20.	0.8 × 4 =	
21.	0.08 × 4 =	
22.	0.6 × 4 =	

23.	6 × 5 =	
24.	0.6 × 5 =	
25.	0.06 × 5 =	
26.	0.08 × 5 =	
27.	0.08 × 3 =	
28.	0.8 × 5 =	
29.	0.08 × 2 =	
30.	0.08 × 7 =	
31.	0.9 × 8 =	
32.	0.08 × 9 =	
33.	0.9 × 9 =	
34.	0.08 × 8 =	
35.	0.7 × 7 =	
36.	0.06 × 6 =	
37.	0.5 × 5 =	
38.	0.06 × 8 =	
39.	0.7 × 9 =	
40.	0.08 × 3 =	
41.	0.9 × 6 =	
42.	0.05 × 7 =	
43.	0.12 × 6 =	
44.	0.12 × 8 =	

Leçon 11 : Multiplier des fractions décimales par des nombres entiers à plusieurs chiffres par la conversion à un problème de nombre entier et en réfléchissant à la place de la décimale.

Copyright © Great Minds PBC

A

Réponses correctes : _____

Convertir des pouces (in.) en pieds (ft.) et en pouces (in.)

1.	12 in. =	ft. in.	23.	17 in. =	ft. in.
2.	13 in. =	ft. in.	24.	24 in. =	ft. in.
3.	14 in. =	ft. in.	25.	28 in. =	ft. in.
4.	15 in. =	ft. in.	26.	36 in. =	ft. in.
5.	22 in. =	ft. in.	27.	45 in. =	ft. in.
6.	20 in. =	ft. in.	28.	48 in. =	ft. in.
7.	24 in. =	ft. in.	29.	59 in. =	ft. in.
8.	25 in. =	ft. in.	30.	60 in. =	ft. in.
9.	26 in. =	ft. in.	31.	64 in. =	ft. in.
10.	30 in. =	ft. in.	32.	68 in. =	ft. in.
11.	34 in. =	ft. in.	33.	71 in. =	ft. in.
12.	35 in. =	ft. in.	34.	73 in. =	ft. in.
13.	36 in. =	ft. in.	35.	72 in. =	ft. in.
14.	37 in. =	ft. in.	36.	80 in. =	ft. in.
15.	46 in. =	ft. in.	37.	84 in. =	ft. in.
16.	40 in. =	ft. in.	38.	90 in. =	ft. in.
17.	48 in. =	ft. in.	39.	96 in. =	ft. in.
18.	58 in. =	ft. in.	40.	100 in. =	ft. in.
19.	49 in. =	ft. in.	41.	108 in. =	ft. in.
20.	47 in. =	ft. in.	42.	117 in. =	ft. in.
21.	50 in. =	ft. in.	43.	104 in. =	ft. in.
22.	12 in. =	ft. in.	44.	93 in. =	ft. in.

Leçon 15 : Résoudre des problèmes écrits à deux étapes comprenant des conversions de mesures.

B

Réponses correctes : _____

Convertir des pouces (in.) en pieds (ft.) et en pouces (in.)

Amélioration : _____

1.	120 in. =	ft.	in.	23.	16 in. =	ft.	in.
2.	12 in. =	ft.	in.	24.	24 in. =	ft.	in.
3.	13 in. =	ft.	in.	25.	29 in. =	ft.	in.
4.	14 in. =	ft.	in.	26.	36 in. =	ft.	in.
5.	20 in. =	ft.	in.	27.	42 in. =	ft.	in.
6.	22 in. =	ft.	in.	28.	48 in. =	ft.	in.
7.	24 in. =	ft.	in.	29.	59 in. =	ft.	in.
8.	25 in. =	ft.	in.	30.	60 in. =	ft.	in.
9.	26 in. =	ft.	in.	31.	63 in. =	ft.	in.
10.	34 in. =	ft.	in.	32.	67 in. =	ft.	in.
11.	30 in. =	ft.	in.	33.	70 in. =	ft.	in.
12.	35 in. =	ft.	in.	34.	73 in. =	ft.	in.
13.	36 in. =	ft.	in.	35.	72 in. =	ft.	in.
14.	46 in. =	ft.	in.	36.	77 in. =	ft.	in.
15.	37 in. =	ft.	in.	37.	84 in. =	ft.	in.
16.	40 in. =	ft.	in.	38.	89 in. =	ft.	in.
17.	48 in. =	ft.	in.	39.	96 in. =	ft.	in.
18.	49 in. =	ft.	in.	40.	99 in. =	ft.	in.
19.	58 in. =	ft.	in.	41.	108 in. =	ft.	in.
20.	47 in. =	ft.	in.	42.	115 in. =	ft.	in.
21.	50 in. =	ft.	in.	43.	103 in. =	ft.	in.
22.	12 in. =	ft.	in.	44.	95 in. =	ft.	in.

Leçon 15 : Résoudre des problèmes écrits à deux étapes comprenant des conversions de mesures.

A

Réponses correctes : _____

Diviser par des multiples de 10 et de 100

1.	30 ÷ 10 =	
2.	430 ÷ 10 =	
3.	4,300 ÷ 10 =	
4.	4,300 ÷ 100 =	
5.	43,000 ÷ 100 =	
6.	50 ÷ 10 =	
7.	850 ÷ 10 =	
8.	8,500 ÷ 10 =	
9.	8,500 ÷ 100 =	
10.	85,000 ÷ 100 =	
11.	600 ÷ 10 =	
12.	60 ÷ 3 =	
13.	600 ÷ 30 =	
14.	4,000 ÷ 100 =	
15.	40 ÷ 2 =	
16.	4,000 ÷ 200 =	
17.	240 ÷ 10 =	
18.	24 ÷ 2 =	
19.	240 ÷ 20 =	
20.	3,600 ÷ 100 =	
21.	36 ÷ 3 =	
22.	3,600 ÷ 300 =	

23.	480 ÷ 4 =	
24.	480 ÷ 40 =	
25.	6,300 ÷ 3 =	
26.	6,300 ÷ 30 =	
27.	6,300 ÷ 300 =	
28.	8,400 ÷ 2 =	
29.	8,400 ÷ 20 =	
30.	8,400 ÷ 200 =	
31.	96,000 ÷ 3 =	
32.	96,000 ÷ 300 =	
33.	96,000 ÷ 30 =	
34.	900 ÷ 30 =	
35.	1,200 ÷ 30 =	
36.	1,290 ÷ 30 =	
37.	1,800 ÷ 300 =	
38.	8,000 ÷ 200 =	
39.	12,000 ÷ 200 =	
40.	12,800 ÷ 200 =	
41.	2,240 ÷ 70 =	
42.	18,400 ÷ 800 =	
43.	21,600 ÷ 90 =	
44.	25,200 ÷ 600 =	

Leçon 16 : Utiliser les schémas de la *division par 10* pour diviser des nombres entiers à plusieurs chiffres.

B

Réponses correctes : _____

Diviser par des multiples de 10 et de 100

Amélioration : _____

1.	20 ÷ 10 =		23.	840 ÷ 4 =	
2.	420 ÷ 10 =		24.	840 ÷ 40 =	
3.	4,200 ÷ 10 =		25.	3,600 ÷ 3 =	
4.	4,200 ÷ 100 =		26.	3,600 ÷ 30 =	
5.	42,000 ÷ 100 =		27.	3,600 ÷ 300 =	
6.	40 ÷ 10 =		28.	4,800 ÷ 2 =	
7.	840 ÷ 10 =		29.	4,800 ÷ 20 =	
8.	8,400 ÷ 10 =		30.	4,800 ÷ 200 =	
9.	8,400 ÷ 100 =		31.	69,000 ÷ 3 =	
10.	84,000 ÷ 100 =		32.	69,000 ÷ 300 =	
11.	900 ÷ 10 =		33.	69,000 ÷ 30 =	
12.	90 ÷ 3 =		34.	800 ÷ 40 =	
13.	900 ÷ 30 =		35.	1,200 ÷ 40 =	
14.	6,000 ÷ 100 =		36.	1,280 ÷ 40 =	
15.	60 ÷ 2 =		37.	1,600 ÷ 400 =	
16.	6,000 ÷ 200 =		38.	8,000 ÷ 200 =	
17.	240 ÷ 10 =		39.	14,000 ÷ 200 =	
18.	24 ÷ 2 =		40.	14,600 ÷ 200 =	
19.	240 ÷ 20 =		41.	2,560 ÷ 80 =	
20.	6,300 ÷ 100 =		42.	16,100 ÷ 700 =	
21.	63 ÷ 3 =		43.	14,400 ÷ 60 =	
22.	6,300 ÷ 300 =		44.	37,800 ÷ 900 =	

Leçon 16 : Utiliser les schémas de la *division par 10* pour diviser des nombres entiers à plusieurs chiffres.

A   Réponses correctes : _____

Diviser des décimales par des multiples de 10

1.	6 ÷ 10 =		23.	25 ÷ 50 =	
2.	6 ÷ 20 =		24.	2.5 ÷ 50 =	
3.	6 ÷ 60 =		25.	4.5 ÷ 50 =	
4.	8 ÷ 10 =		26.	4.5 ÷ 90 =	
5.	8 ÷ 40 =		27.	0.45 ÷ 90 =	
6.	8 ÷ 20 =		28.	0.45 ÷ 50 =	
7.	4 ÷ 10 =		29.	0.24 ÷ 60 =	
8.	4 ÷ 20 =		30.	0.63 ÷ 90 =	
9.	4 ÷ 40 =		31.	0.48 ÷ 80 =	
10.	9 ÷ 3 =		32.	0.49 ÷ 70 =	
11.	9 ÷ 30 =		33.	6 ÷ 30 =	
12.	12 ÷ 3 =		34.	14 ÷ 70 =	
13.	12 ÷ 30 =		35.	72 ÷ 90 =	
14.	12 ÷ 40 =		36.	6.4 ÷ 80 =	
15.	12 ÷ 60 =		37.	0.48 ÷ 40 =	
16.	12 ÷ 20 =		38.	0.36 ÷ 30 =	
17.	15 ÷ 3 =		39.	0.55 ÷ 50 =	
18.	15 ÷ 30 =		40.	1.36 ÷ 40 =	
19.	15 ÷ 50 =		41.	2.04 ÷ 60 =	
20.	18 ÷ 30 =		42.	4.48 ÷ 70 =	
21.	24 ÷ 30 =		43.	6.16 ÷ 80 =	
22.	16 ÷ 40 =		44.	5.22 ÷ 90 =	

Leçon 28 : Résoudre des énoncés de division intégrant des divisions à plusieurs chiffres avec une taille de groupe inconnue et le nombre de groupes inconnu.

B

Réponses correctes : _____

Diviser des décimales par des multiples de 10

Amélioration : _____

1.	4 ÷ 10 =		23.	25 ÷ 50 =	
2.	4 ÷ 20 =		24.	2.5 ÷ 50 =	
3.	4 ÷ 40 =		25.	3.5 ÷ 50 =	
4.	8 ÷ 10 =		26.	3.5 ÷ 70 =	
5.	8 ÷ 20 =		27.	0.35 ÷ 70 =	
6.	8 ÷ 40 =		28.	0.35 ÷ 50 =	
7.	9 ÷ 10 =		29.	0.42 ÷ 60 =	
8.	9 ÷ 30 =		30.	0.54 ÷ 90 =	
9.	9 ÷ 90 =		31.	0.56 ÷ 80 =	
10.	6 ÷ 2 =		32.	0.63 ÷ 70 =	
11.	6 ÷ 20 =		33.	6 ÷ 30 =	
12.	12 ÷ 2 =		34.	18 ÷ 90 =	
13.	12 ÷ 20 =		35.	72 ÷ 80 =	
14.	12 ÷ 30 =		36.	4.8 ÷ 80 =	
15.	12 ÷ 40 =		37.	0.36 ÷ 30 =	
16.	12 ÷ 60 =		38.	0.48 ÷ 40 =	
17.	15 ÷ 5 =		39.	0.65 ÷ 50 =	
18.	15 ÷ 50 =		40.	1.38 ÷ 30 =	
19.	15 ÷ 30 =		41.	2.64 ÷ 60 =	
20.	21 ÷ 30 =		42.	5.18 ÷ 70 =	
21.	27 ÷ 30 =		43.	6.96 ÷ 80 =	
22.	36 ÷ 60 =		44.	6.12 ÷ 90 =	

Leçon 28 : Résoudre des énoncés de division intégrant des divisions à plusieurs chiffres avec une taille de groupe inconnue et le nombre de groupes inconnu.

5e année

Module 3

A

Réponses correctes : _____

Écris le facteur manquant

1.	10 = 5 × ___	
2.	10 = 2 × ___	
3.	8 = 4 × ___	
4.	9 = 3 × ___	
5.	6 = 2 × ___	
6.	6 = 3 × ___	
7.	12 = 6 × ___	
8.	12 = 3 × ___	
9.	12 = 4 × ___	
10.	12 = 2 × 2 × ___	
11.	12 = 3 × 2 × ___	
12.	20 = 5 × 2 × ___	
13.	20 = 5 × 2 × ___	
14.	16 = 8 × ___	
15.	16 = 4 × 2 × ___	
16.	24 = 8 × ___	
17.	24 = 4 × 2 × ___	
18.	24 = 4 × ___ × 2	
19.	24 = 3 × 2 × ___	
20.	24 = 3 × ___ × 2	
21.	6 × 4 = 8 × ___	
22.	6 × 4 = 4 × 2 × ___	
23.	28 = 7 × ___	
24.	28 = 2 × 2 × ___	
25.	28 = 2 × ___ × 2	
26.	28 = ___ × 2 × 2	
27.	36 = 3 × 3 × ___	
28.	9 × 4 = 3 × 3 × ___	
29.	9 × 4 = 6 × ___	
30.	9 × 4 = 3 × 2 × ___	
31.	8 × 6 = 4 × ___ × 2	
32.	9 × 9 = 3 × ___ × 3	
33.	8 × 8 = ___ × 8	
34.	7 × 7 = ___ × 7	
35.	8 × 3 = ___ × 6	
36.	16 × 2 = ___ × 4	
37.	2 × 18 = ___ × 9	
38.	28 × 2 = ___ × 8	
39.	24 × 3 = ___ × 9	
40.	6 × 8 = ___ × 12	
41.	27 × 3 = ___ × 9	
42.	12 × 6 = ___ × 8	
43.	54 × 2 = ___ × 12	
44.	9 × 13 = ___ × 39	

Leçon 1 : Faire des fractions équivalentes avec la ligne numérique, le modèle d'aire et des nombres.

B

Réponses correctes : _____

Écris le facteur manquant

Progrès : _____

#			#		
1.	6 = 2 × ___		23.	28 = 4 × ___	
2.	6 = 3 × ___		24.	28 = 2 × 2 × ___	
3.	9 = 3 × ___		25.	28 = 2 × ___ × 2	
4.	8 = 4 × ___		26.	28 = ___ × 2 × 2	
5.	10 = 5 × ___		27.	36 = 2 × 2 × ___	
6.	10 = 2 × ___		28.	9 × 4 = 2 × 2 × ___	
7.	20 = 10 × ___		29.	9 × 4 = 6 × ___	
8.	20 = 5 × 2 × ___		30.	9 × 4 = 2 × 3 × ___	
9.	12 = 6 × ___		31.	8 × 6 = 4 × ___ × 2	
10.	12 = 3 × ___		32.	8 × 8 = 4 × ___ × 2	
11.	12 = 4 × ___		33.	9 × 9 = ___ × 9	
12.	12 = 2 × 2 × ___		34.	6 × 6 = ___ × 6	
13.	12 = 3 × 2 × ___		35.	6 × 4 = ___ × 8	
14.	24 = 8 × ___		36.	16 × 2 = ___ × 8	
15.	24 = 4 × 2 × ___		37.	2 × 18 = ___ × 4	
16.	24 = 4 × ___ × 2		38.	28 × 2 = ___ × 7	
17.	24 = 3 × 2 × ___		39.	24 × 3 = ___ × 8	
18.	24 = 3 × ___ × 2		40.	8 × 6 = ___ × 4	
19.	16 = 8 × ___		41.	12 × 6 = ___ × 9	
20.	16 = 4 × 2 × ___		42.	27 × 3 = ___ × 9	
21.	8 × 2 = 4 × ___		43.	54 × 2 = ___ × 9	
22.	8 × 2 = 2 × 2 × ___		44.	8 × 13 = ___ × 26	

Leçon 1 : Faire des fractions équivalentes avec la ligne numérique, le modèle d'aire et des nombres.

A

Réponses correctes : _____

Trouve le numérateur ou le dénominateur manquant

1.	$\frac{1}{2} = \frac{\ }{4}$		23.	$\frac{1}{3} = \frac{\ }{12}$	
2.	$\frac{1}{5} = \frac{2}{\ }$		24.	$\frac{2}{3} = \frac{\ }{12}$	
3.	$\frac{2}{5} = \frac{\ }{10}$		25.	$\frac{8}{12} = \frac{\ }{3}$	
4.	$\frac{3}{5} = \frac{\ }{10}$		26.	$\frac{12}{16} = \frac{3}{\ }$	
5.	$\frac{4}{5} = \frac{\ }{10}$		27.	$\frac{3}{5} = \frac{\ }{25}$	
6.	$\frac{1}{3} = \frac{2}{\ }$		28.	$\frac{4}{5} = \frac{28}{\ }$	
7.	$\frac{2}{3} = \frac{\ }{6}$		29.	$\frac{18}{24} = \frac{3}{\ }$	
8.	$\frac{1}{3} = \frac{3}{\ }$		30.	$\frac{24}{30} = \frac{\ }{5}$	
9.	$\frac{2}{3} = \frac{\ }{9}$		31.	$\frac{5}{6} = \frac{35}{\ }$	
10.	$\frac{1}{4} = \frac{\ }{8}$		32.	$\frac{56}{63} = \frac{\ }{9}$	
11.	$\frac{3}{4} = \frac{\ }{8}$		33.	$\frac{64}{72} = \frac{8}{\ }$	
12.	$\frac{1}{4} = \frac{3}{\ }$		34.	$\frac{5}{8} = \frac{\ }{64}$	
13.	$\frac{3}{4} = \frac{9}{\ }$		35.	$\frac{5}{6} = \frac{45}{\ }$	
14.	$\frac{2}{4} = \frac{\ }{2}$		36.	$\frac{45}{81} = \frac{\ }{9}$	
15.	$\frac{2}{6} = \frac{1}{\ }$		37.	$\frac{6}{7} = \frac{48}{\ }$	
16.	$\frac{2}{10} = \frac{1}{\ }$		38.	$\frac{36}{81} = \frac{\ }{9}$	
17.	$\frac{4}{10} = \frac{\ }{5}$		39.	$\frac{8}{56} = \frac{1}{\ }$	
18.	$\frac{8}{10} = \frac{\ }{5}$		40.	$\frac{35}{63} = \frac{5}{\ }$	
19.	$\frac{3}{9} = \frac{\ }{3}$		41.	$\frac{1}{6} = \frac{12}{\ }$	
20.	$\frac{6}{9} = \frac{\ }{3}$		42.	$\frac{3}{7} = \frac{36}{\ }$	
21.	$\frac{3}{12} = \frac{1}{\ }$		43.	$\frac{48}{60} = \frac{4}{\ }$	
22.	$\frac{9}{12} = \frac{\ }{4}$		44.	$\frac{72}{84} = \frac{\ }{7}$	

Leçon 2 : Faire des fractions équivalentes avec les sommes de fractions ayant des dénominateurs semblables.

B

Réponses correctes : _____

Trouve le numérateur ou le dénominateur manquant

Progrès : _____

1.	$\frac{1}{5} = \frac{2}{}$	
2.	$\frac{2}{5} = \frac{}{10}$	
3.	$\frac{3}{5} = \frac{}{10}$	
4.	$\frac{4}{5} = \frac{}{10}$	
5.	$\frac{1}{3} = \frac{2}{}$	
6.	$\frac{1}{3} = \frac{}{6}$	
7.	$\frac{2}{3} = \frac{4}{}$	
8.	$\frac{1}{3} = \frac{}{9}$	
9.	$\frac{2}{3} = \frac{6}{}$	
10.	$\frac{1}{4} = \frac{2}{}$	
11.	$\frac{3}{4} = \frac{6}{}$	
12.	$\frac{1}{4} = \frac{}{12}$	
13.	$\frac{3}{4} = \frac{}{12}$	
14.	$\frac{2}{4} = \frac{1}{}$	
15.	$\frac{2}{6} = \frac{}{3}$	
16.	$\frac{2}{10} = \frac{}{5}$	
17.	$\frac{4}{10} = \frac{2}{}$	
18.	$\frac{8}{10} = \frac{4}{}$	
19.	$\frac{3}{9} = \frac{1}{}$	
20.	$\frac{6}{9} = \frac{2}{}$	
21.	$\frac{1}{4} = \frac{}{12}$	
22.	$\frac{9}{12} = \frac{3}{}$	
23.	$\frac{1}{3} = \frac{4}{}$	
24.	$\frac{2}{3} = \frac{8}{}$	
25.	$\frac{8}{12} = \frac{2}{}$	
26.	$\frac{12}{16} = \frac{}{4}$	
27.	$\frac{3}{5} = \frac{15}{}$	
28.	$\frac{4}{5} = \frac{}{35}$	
29.	$\frac{18}{24} = \frac{}{4}$	
30.	$\frac{24}{30} = \frac{4}{}$	
31.	$\frac{5}{6} = \frac{}{42}$	
32.	$\frac{56}{63} = \frac{8}{}$	
33.	$\frac{64}{72} = \frac{}{9}$	
34.	$\frac{5}{8} = \frac{40}{}$	
35.	$\frac{5}{6} = \frac{}{54}$	
36.	$\frac{45}{81} = \frac{5}{}$	
37.	$\frac{6}{7} = \frac{}{56}$	
38.	$\frac{36}{81} = \frac{4}{}$	
39.	$\frac{8}{56} = \frac{}{7}$	
40.	$\frac{35}{63} = \frac{}{9}$	
41.	$\frac{1}{6} = \frac{}{72}$	
42.	$\frac{3}{7} = \frac{}{84}$	
43.	$\frac{48}{60} = \frac{}{5}$	
44.	$\frac{72}{84} = \frac{6}{}$	

Leçon 2 : Faire des fractions équivalentes avec les sommes de fractions ayant des dénominateurs semblables.

A

Réponses correctes : _____

Trouve le numérateur ou le dénominateur manquant

1.	$\frac{1}{2} = \frac{}{4}$		23.	$\frac{1}{3} = \frac{}{12}$	
2.	$\frac{1}{5} = \frac{2}{}$		24.	$\frac{2}{3} = \frac{}{12}$	
3.	$\frac{2}{5} = \frac{}{10}$		25.	$\frac{8}{12} = \frac{}{3}$	
4.	$\frac{3}{5} = \frac{}{10}$		26.	$\frac{12}{16} = \frac{3}{}$	
5.	$\frac{4}{5} = \frac{}{10}$		27.	$\frac{3}{5} = \frac{}{25}$	
6.	$\frac{1}{3} = \frac{2}{}$		28.	$\frac{4}{5} = \frac{28}{}$	
7.	$\frac{2}{3} = \frac{}{6}$		29.	$\frac{18}{24} = \frac{3}{}$	
8.	$\frac{1}{3} = \frac{3}{}$		30.	$\frac{24}{30} = \frac{}{5}$	
9.	$\frac{2}{3} = \frac{}{9}$		31.	$\frac{5}{6} = \frac{35}{}$	
10.	$\frac{1}{4} = \frac{}{8}$		32.	$\frac{56}{63} = \frac{}{9}$	
11.	$\frac{3}{4} = \frac{}{8}$		33.	$\frac{64}{72} = \frac{8}{}$	
12.	$\frac{1}{4} = \frac{3}{}$		34.	$\frac{5}{8} = \frac{}{64}$	
13.	$\frac{3}{4} = \frac{9}{}$		35.	$\frac{5}{6} = \frac{45}{}$	
14.	$\frac{2}{4} = \frac{}{2}$		36.	$\frac{45}{81} = \frac{}{9}$	
15.	$\frac{2}{6} = \frac{1}{}$		37.	$\frac{6}{7} = \frac{48}{}$	
16.	$\frac{2}{10} = \frac{1}{}$		38.	$\frac{36}{81} = \frac{}{9}$	
17.	$\frac{4}{10} = \frac{}{5}$		39.	$\frac{8}{56} = \frac{1}{}$	
18.	$\frac{8}{10} = \frac{}{5}$		40.	$\frac{35}{63} = \frac{5}{}$	
19.	$\frac{3}{9} = \frac{}{3}$		41.	$\frac{1}{6} = \frac{12}{}$	
20.	$\frac{6}{9} = \frac{}{3}$		42.	$\frac{3}{7} = \frac{36}{}$	
21.	$\frac{3}{12} = \frac{1}{}$		43.	$\frac{48}{60} = \frac{4}{}$	
22.	$\frac{9}{12} = \frac{}{4}$		44.	$\frac{72}{84} = \frac{}{7}$	

Leçon 3 : Additionner des fractions avec des unités différentes à l'aide de la stratégie de création de fractions équivalentes.

B

Réponses correctes : _____

Trouve le numérateur ou le dénominateur manquant

Progrès : _____

1.	$\frac{1}{5} = \frac{2}{}$	
2.	$\frac{2}{5} = \frac{}{10}$	
3.	$\frac{3}{5} = \frac{}{10}$	
4.	$\frac{4}{5} = \frac{}{10}$	
5.	$\frac{1}{3} = \frac{2}{}$	
6.	$\frac{1}{3} = \frac{}{6}$	
7.	$\frac{2}{3} = \frac{4}{}$	
8.	$\frac{1}{3} = \frac{}{9}$	
9.	$\frac{2}{3} = \frac{6}{}$	
10.	$\frac{1}{4} = \frac{2}{}$	
11.	$\frac{3}{4} = \frac{6}{}$	
12.	$\frac{1}{4} = \frac{}{12}$	
13.	$\frac{3}{4} = \frac{}{12}$	
14.	$\frac{2}{4} = \frac{1}{}$	
15.	$\frac{2}{6} = \frac{}{3}$	
16.	$\frac{2}{10} = \frac{}{5}$	
17.	$\frac{4}{10} = \frac{2}{}$	
18.	$\frac{8}{10} = \frac{4}{}$	
19.	$\frac{3}{9} = \frac{1}{}$	
20.	$\frac{6}{9} = \frac{2}{}$	
21.	$\frac{1}{4} = \frac{}{12}$	
22.	$\frac{9}{12} = \frac{3}{}$	
23.	$\frac{1}{3} = \frac{4}{}$	
24.	$\frac{2}{3} = \frac{8}{}$	
25.	$\frac{8}{12} = \frac{2}{}$	
26.	$\frac{12}{16} = \frac{}{4}$	
27.	$\frac{3}{5} = \frac{15}{}$	
28.	$\frac{4}{5} = \frac{}{35}$	
29.	$\frac{18}{24} = \frac{}{4}$	
30.	$\frac{24}{30} = \frac{4}{}$	
31.	$\frac{5}{6} = \frac{}{42}$	
32.	$\frac{56}{63} = \frac{8}{}$	
33.	$\frac{64}{72} = \frac{}{9}$	
34.	$\frac{5}{8} = \frac{40}{}$	
35.	$\frac{5}{6} = \frac{}{54}$	
36.	$\frac{45}{81} = \frac{5}{}$	
37.	$\frac{6}{7} = \frac{}{56}$	
38.	$\frac{36}{81} = \frac{4}{}$	
39.	$\frac{8}{56} = \frac{}{7}$	
40.	$\frac{35}{63} = \frac{}{9}$	
41.	$\frac{1}{6} = \frac{}{72}$	
42.	$\frac{3}{7} = \frac{}{84}$	
43.	$\frac{48}{60} = \frac{}{5}$	
44.	$\frac{72}{84} = \frac{6}{}$	

Leçon 3 : Additionner des fractions avec des unités différentes à l'aide de la stratégie de création de fractions équivalentes.

A

Réponses correctes : _____

Soustraire des fractions d'un nombre entier

1.	$4 - \frac{1}{2} =$		23.	$3 - \frac{1}{8} =$	
2.	$3 - \frac{1}{2} =$		24.	$3 - \frac{3}{8} =$	
3.	$2 - \frac{1}{2} =$		25.	$3 - \frac{5}{8} =$	
4.	$1 - \frac{1}{2} =$		26.	$3 - \frac{7}{8} =$	
5.	$1 - \frac{1}{3} =$		27.	$2 - \frac{7}{8} =$	
6.	$2 - \frac{1}{3} =$		28.	$4 - \frac{1}{7} =$	
7.	$4 - \frac{1}{3} =$		29.	$3 - \frac{6}{7} =$	
8.	$4 - \frac{2}{3} =$		30.	$2 - \frac{3}{7} =$	
9.	$2 - \frac{2}{3} =$		31.	$4 - \frac{4}{7} =$	
10.	$2 - \frac{1}{4} =$		32.	$3 - \frac{5}{7} =$	
11.	$2 - \frac{3}{4} =$		33.	$4 - \frac{3}{4} =$	
12.	$3 - \frac{3}{4} =$		34.	$2 - \frac{5}{8} =$	
13.	$3 - \frac{1}{4} =$		35.	$3 - \frac{3}{10} =$	
14.	$4 - \frac{3}{4} =$		36.	$4 - \frac{2}{5} =$	
15.	$2 - \frac{1}{10} =$		37.	$4 - \frac{3}{7} =$	
16.	$3 - \frac{9}{10} =$		38.	$3 - \frac{7}{10} =$	
17.	$2 - \frac{7}{10} =$		39.	$3 - \frac{5}{10} =$	
18.	$4 - \frac{3}{10} =$		40.	$4 - \frac{2}{8} =$	
19.	$3 - \frac{1}{5} =$		41.	$2 - \frac{9}{12} =$	
20.	$3 - \frac{2}{5} =$		42.	$4 - \frac{2}{12} =$	
21.	$3 - \frac{4}{5} =$		43.	$3 - \frac{2}{6} =$	
22.	$3 - \frac{3}{5} =$		44.	$2 - \frac{8}{12} =$	

Leçon 5 : Soustraire des fractions avec des unités différentes à l'aide de la stratégie de création de fractions équivalentes.

B

Réponses correctes : _____

Soustraire des fractions d'un nombre entier

Progrès : _____

1.	$1 - \frac{1}{2} =$	
2.	$2 - \frac{1}{2} =$	
3.	$3 - \frac{1}{2} =$	
4.	$4 - \frac{1}{2} =$	
5.	$1 - \frac{1}{4} =$	
6.	$2 - \frac{1}{4} =$	
7.	$4 - \frac{1}{4} =$	
8.	$4 - \frac{3}{4} =$	
9.	$2 - \frac{3}{4} =$	
10.	$2 - \frac{1}{3} =$	
11.	$2 - \frac{2}{3} =$	
12.	$3 - \frac{2}{3} =$	
13.	$3 - \frac{1}{3} =$	
14.	$4 - \frac{2}{3} =$	
15.	$3 - \frac{1}{10} =$	
16.	$2 - \frac{9}{10} =$	
17.	$4 - \frac{7}{10} =$	
18.	$3 - \frac{3}{10} =$	
19.	$2 - \frac{1}{5} =$	
20.	$2 - \frac{2}{5} =$	
21.	$2 - \frac{4}{5} =$	
22.	$3 - \frac{3}{5} =$	

23.	$2 - \frac{1}{8} =$	
24.	$2 - \frac{3}{8} =$	
25.	$2 - \frac{5}{8} =$	
26.	$2 - \frac{7}{8} =$	
27.	$4 - \frac{7}{8} =$	
28.	$3 - \frac{1}{7} =$	
29.	$2 - \frac{6}{7} =$	
30.	$4 - \frac{3}{7} =$	
31.	$3 - \frac{4}{7} =$	
32.	$2 - \frac{5}{7} =$	
33.	$3 - \frac{3}{4} =$	
34.	$4 - \frac{5}{8} =$	
35.	$2 - \frac{3}{10} =$	
36.	$3 - \frac{2}{5} =$	
37.	$3 - \frac{3}{7} =$	
38.	$2 - \frac{7}{10} =$	
39.	$2 - \frac{5}{10} =$	
40.	$3 - \frac{6}{8} =$	
41.	$4 - \frac{3}{12} =$	
42.	$3 - \frac{10}{12} =$	
43.	$2 - \frac{4}{6} =$	
44.	$4 - \frac{4}{12} =$	

Leçon 5 : Soustraire des fractions avec des unités différentes à l'aide de la stratégie de création de fractions équivalentes.

A

Réponses correctes : _____

Entoure la fraction équivalente

1.	$2/4 =$	$1/2$	$1/3$		23.	$9/27 =$	$2/3$	$1/3$	$1/4$
2.	$2/6 =$	$1/2$	$1/3$		24.	$9/63 =$	$1/6$	$1/7$	$1/8$
3.	$2/8 =$	$1/2$	$1/4$		25.	$8/12 =$	$2/3$	$3/4$	$4/5$
4.	$5/10 =$	$1/2$	$1/4$		26.	$8/16 =$	$1/2$	$1/3$	$1/4$
5.	$5/15 =$	$1/2$	$1/3$		27.	$8/24 =$	$1/2$	$1/3$	$1/4$
6.	$5/20 =$	$1/2$	$1/4$		28.	$8/64 =$	$1/7$	$1/8$	$1/9$
7.	$4/8 =$	$1/2$	$1/4$		29.	$12/18 =$	$3/4$	$5/6$	$2/3$
8.	$4/12 =$	$1/2$	$1/3$		30.	$12/16 =$	$3/4$	$5/6$	$2/3$
9.	$4/16 =$	$1/2$	$1/4$		31.	$9/12 =$	$3/4$	$5/6$	$2/3$
10.	$3/6 =$	$1/2$	$1/3$		32.	$6/8 =$	$3/4$	$5/6$	$2/3$
11.	$3/9 =$	$1/2$	$1/3$		33.	$10/12 =$	$3/4$	$5/6$	$2/3$
12.	$3/12 =$	$1/2$	$1/4$		34.	$15/18 =$	$3/4$	$5/6$	$2/3$
13.	$4/6 =$	$2/3$	$1/3$		35.	$8/10 =$	$3/4$	$4/5$	$2/3$
14.	$6/12 =$	$2/3$	$1/2$		36.	$16/20 =$	$3/4$	$4/5$	$2/3$
15.	$6/18 =$	$3/3$	$1/3$		37.	$12/15 =$	$3/4$	$4/5$	$2/3$
16.	$6/30 =$	$1/5$	$1/3$		38.	$18/27 =$	$3/4$	$4/5$	$2/3$
17.	$6/9 =$	$2/3$	$1/3$		39.	$27/36 =$	$3/4$	$4/5$	$2/3$
18.	$7/14 =$	$1/2$	$1/3$		40.	$32/40 =$	$3/4$	$4/5$	$2/3$
19.	$7/21 =$	$1/2$	$1/3$		41.	$45/54 =$	$3/4$	$4/5$	$5/6$
20.	$7/42 =$	$1/6$	$1/7$		42.	$24/36 =$	$3/4$	$4/5$	$2/3$
21.	$8/12 =$	$2/3$	$3/4$		43.	$60/72 =$	$3/4$	$5/6$	$2/3$
22.	$9/18 =$	$1/2$	$1/3$		44.	$48/60 =$	$3/4$	$4/5$	$5/6$

UNE HISTOIRE D'UNITÉS

Leçon 7 Sprint 5•3

Leçon 7 : Résoudre des problèmes à deux étapes.

B

Réponses correctes : _____

Entoure la fraction équivalente

Progrès : _____

#				#				
1.	$5/10 =$	$1/2$	$1/3$	23.	$8/24 =$	$2/3$	$1/3$	$1/4$
2.	$5/15 =$	$1/2$	$1/3$	24.	$8/56 =$	$1/6$	$1/7$	$1/8$
3.	$5/20 =$	$1/2$	$1/4$	25.	$8/12 =$	$2/3$	$3/4$	$4/5$
4.	$2/4 =$	$1/2$	$1/3$	26.	$9/18 =$	$1/2$	$1/3$	$1/4$
5.	$2/6 =$	$1/2$	$1/3$	27.	$9/27 =$	$1/2$	$1/3$	$1/4$
6.	$2/8 =$	$1/2$	$1/4$	28.	$9/72 =$	$1/7$	$1/8$	$1/9$
7.	$3/6 =$	$1/2$	$1/3$	29.	$12/18 =$	$3/4$	$5/6$	$2/3$
8.	$3/9 =$	$1/2$	$1/3$	30.	$6/8 =$	$3/4$	$5/6$	$2/3$
9.	$3/12 =$	$1/4$	$1/3$	31.	$9/12 =$	$3/4$	$5/6$	$2/3$
10.	$4/8 =$	$1/2$	$1/3$	32.	$12/16 =$	$3/4$	$5/6$	$2/3$
11.	$4/12 =$	$1/2$	$1/3$	33.	$8/10 =$	$3/4$	$4/5$	$2/3$
12.	$4/16 =$	$1/4$	$1/3$	34.	$16/20 =$	$3/4$	$4/5$	$2/3$
13.	$4/6 =$	$2/3$	$1/2$	35.	$12/15 =$	$3/4$	$4/5$	$2/3$
14.	$7/14 =$	$2/3$	$1/2$	36.	$10/12 =$	$3/4$	$4/5$	$5/6$
15.	$7/21 =$	$1/5$	$1/3$	37.	$15/18 =$	$3/4$	$5/6$	$2/3$
16.	$7/35 =$	$1/5$	$1/3$	38.	$16/24 =$	$3/4$	$4/5$	$2/3$
17.	$6/9 =$	$2/3$	$1/3$	39.	$24/32 =$	$3/4$	$4/5$	$2/3$
18.	$6/12 =$	$1/2$	$1/3$	40.	$36/45 =$	$3/4$	$4/5$	$2/3$
19.	$6/18 =$	$1/6$	$1/3$	41.	$40/48 =$	$3/4$	$4/5$	$5/6$
20.	$6/36 =$	$1/6$	$1/3$	42.	$24/36 =$	$3/4$	$4/5$	$2/3$
21.	$8/12 =$	$2/3$	$3/4$	43.	$48/60 =$	$3/4$	$5/6$	$4/5$
22.	$8/16 =$	$1/2$	$1/3$	44.	$60/72 =$	$3/4$	$5/6$	$2/3$

Leçon 7 : Résoudre des problèmes à deux étapes.

A

Réponses correctes : _____

Additionner et soustraire des fractions avec des unités semblables

1.	$\frac{1}{5} + \frac{1}{5} =$		23.	$\frac{1}{9} + \frac{1}{9} + \frac{1}{9} =$	
2.	$\frac{1}{10} + \frac{5}{10} =$		24.	$\frac{1}{9} + \frac{3}{9} + \frac{1}{9} =$	
3.	$\frac{1}{10} + \frac{7}{10} =$		25.	$\frac{4}{9} - \frac{1}{9} - \frac{3}{9} =$	
4.	$\frac{2}{5} + \frac{2}{5} =$		26.	$\frac{1}{4} + \frac{2}{4} + \frac{1}{4} =$	
5.	$\frac{5}{10} - \frac{4}{10} =$		27.	$\frac{1}{8} + \frac{3}{8} + \frac{2}{8} =$	
6.	$\frac{3}{5} - \frac{1}{5} =$		28.	$\frac{5}{12} + \frac{1}{12} + \frac{5}{12} =$	
7.	$\frac{3}{10} + \frac{3}{10} =$		29.	$\frac{2}{9} + \frac{3}{9} + \frac{2}{9} =$	
8.	$\frac{4}{5} - \frac{1}{5} =$		30.	$\frac{3}{10} - \frac{3}{10} + \frac{3}{10} =$	
9.	$\frac{1}{4} + \frac{1}{4} =$		31.	$\frac{3}{5} - \frac{1}{5} - \frac{1}{5} =$	
10.	$\frac{1}{4} + \frac{2}{4} =$		32.	$\frac{1}{6} + \frac{2}{6} =$	
11.	$\frac{3}{12} - \frac{2}{12} =$		33.	$\frac{3}{12} + \frac{4}{12} =$	
12.	$\frac{1}{4} + \frac{3}{4} =$		34.	$\frac{3}{12} + \frac{6}{12} =$	
13.	$\frac{1}{12} + \frac{1}{12} =$		35.	$\frac{4}{8} + \frac{2}{8} =$	
14.	$\frac{1}{3} + \frac{1}{3} =$		36.	$\frac{4}{12} + \frac{1}{12} =$	
15.	$\frac{3}{12} - \frac{2}{12} =$		37.	$\frac{1}{5} + \frac{3}{5} =$	
16.	$\frac{5}{12} + \frac{6}{12} =$		38.	$\frac{2}{5} + \frac{2}{5} =$	
17.	$\frac{7}{12} + \frac{4}{12} =$		39.	$\frac{1}{6} + \frac{2}{6} =$	
18.	$\frac{4}{6} - \frac{1}{6} =$		40.	$\frac{5}{12} - \frac{3}{12} =$	
19.	$\frac{1}{6} + \frac{2}{6} =$		41.	$\frac{7}{15} - \frac{2}{15} =$	
20.	$\frac{1}{6} + \frac{1}{6} + \frac{1}{6} =$		42.	$\frac{7}{15} - \frac{3}{15} =$	
21.	$\frac{1}{3} + \frac{1}{3} + \frac{1}{3} =$		43.	$\frac{11}{15} - \frac{2}{15} =$	
22.	$\frac{1}{12} + \frac{1}{12} + \frac{1}{12} =$		44.	$\frac{2}{15} + \frac{4}{15} =$	

B

Réponses correctes : _____

Additionner et soustraire des fractions avec des unités semblables.   Progrès : _____

1.	$\frac{1}{2} + \frac{1}{2} =$		23.	$\frac{1}{12} + \frac{6}{12} + \frac{2}{12} =$	
2.	$\frac{2}{8} + \frac{1}{8} =$		24.	$\frac{4}{12} + \frac{3}{12} + \frac{3}{12} =$	
3.	$\frac{2}{8} + \frac{3}{8} =$		25.	$\frac{8}{12} - \frac{4}{12} - \frac{4}{12} =$	
4.	$\frac{2}{12} - \frac{1}{12} =$		26.	$\frac{1}{10} + \frac{2}{10} + \frac{4}{10} =$	
5.	$\frac{5}{12} + \frac{2}{12} =$		27.	$\frac{1}{10} + \frac{1}{10} + \frac{6}{10} =$	
6.	$\frac{4}{8} + \frac{3}{8} =$		28.	$\frac{4}{6} + \frac{1}{6} + \frac{1}{6} =$	
7.	$\frac{4}{8} - \frac{3}{8} =$		29.	$\frac{2}{12} + \frac{3}{12} + \frac{4}{12} =$	
8.	$\frac{1}{8} + \frac{5}{8} =$		30.	$\frac{2}{10} + \frac{4}{10} + \frac{4}{10} =$	
9.	$\frac{3}{4} - \frac{1}{4} =$		31.	$\frac{3}{10} + \frac{1}{10} + \frac{2}{10} =$	
10.	$\frac{3}{6} - \frac{3}{6} =$		32.	$\frac{4}{6} - \frac{2}{6} =$	
11.	$\frac{3}{9} + \frac{3}{9} =$		33.	$\frac{3}{12} - \frac{2}{12} =$	
12.	$\frac{2}{3} + \frac{1}{3} =$		34.	$\frac{2}{3} + \frac{1}{3} =$	
13.	$\frac{6}{9} - \frac{4}{9} =$		35.	$\frac{2}{4} + \frac{1}{4} =$	
14.	$\frac{5}{9} - \frac{3}{9} =$		36.	$\frac{3}{12} + \frac{2}{12} =$	
15.	$\frac{2}{9} + \frac{2}{9} =$		37.	$\frac{1}{5} + \frac{2}{5} =$	
16.	$\frac{1}{12} + \frac{3}{12} =$		38.	$\frac{4}{5} - \frac{4}{5} =$	
17.	$\frac{5}{12} - \frac{4}{12} =$		39.	$\frac{5}{12} - \frac{1}{12} =$	
18.	$\frac{9}{12} - \frac{6}{12} =$		40.	$\frac{6}{8} + \frac{2}{8} =$	
19.	$\frac{6}{10} - \frac{4}{10} =$		41.	$\frac{2}{8} + \frac{2}{8} + \frac{2}{8} =$	
20.	$\frac{2}{8} + \frac{2}{8} + \frac{2}{8} =$		42.	$\frac{9}{10} - \frac{7}{10} - \frac{1}{10} =$	
21.	$\frac{1}{10} + \frac{1}{10} + \frac{1}{10} =$		43.	$\frac{2}{10} + \frac{5}{10} + \frac{2}{10} =$	
22.	$\frac{7}{10} - \frac{2}{10} - \frac{4}{10} =$		44.	$\frac{9}{12} - \frac{1}{12} - \frac{4}{12} =$	

A

Réponses correctes : _____

Additionner et soustraire des nombres entiers et des unités avec des unités fractionnaires

1.	$3 + 1 =$		23.	$3\frac{5}{6} + 7 =$	
2.	$3 + \frac{1}{2} =$		24.	$7\frac{5}{6} + 3 =$	
3.	$3\frac{1}{2} + 1 =$		25.	$10\frac{5}{6} - 3 =$	
4.	$3 - 1 =$		26.	$10\frac{5}{6} - 7 =$	
5.	$3\frac{1}{2} - 1 =$		27.	$3 + \frac{4}{5} + 2 =$	
6.	$4 - 2 =$		28.	$5 + \frac{7}{8} + 4 =$	
7.	$4\frac{1}{2} - 2 =$		29.	$7 + \frac{4}{5} - 2 =$	
8.	$5 - 2 =$		30.	$9 + \frac{5}{12} - 5 =$	
9.	$5\frac{1}{3} - 2 =$		31.	$7 + \frac{1}{5} + \frac{1}{5} + 2 =$	
10.	$5\frac{2}{3} - 2 =$		32.	$7 + \frac{2}{5} + 2 =$	
11.	$5\frac{2}{3} + 2 =$		33.	$7 + \frac{2}{5} + 2 + \frac{2}{5} =$	
12.	$6 + 2 =$		34.	$7\frac{2}{5} + 2\frac{2}{5} =$	
13.	$6 + \frac{3}{4} =$		35.	$6 + \frac{1}{3} + 1 + \frac{1}{3} =$	
14.	$6\frac{3}{4} + 2 =$		36.	$6\frac{1}{3} + 1\frac{1}{3} =$	
15.	$6\frac{3}{4} - 2 =$		37.	$6 + \frac{2}{3} - 1 =$	
16.	$6\frac{3}{4} - 3 =$		38.	$6\frac{2}{3} - 1\frac{1}{3} =$	
17.	$6\frac{3}{4} - 4 =$		39.	$6\frac{2}{3} - 1\frac{2}{3} =$	
18.	$6\frac{3}{4} - 6 =$		40.	$3 + \frac{4}{7} + 1 + \frac{2}{7} =$	
19.	$6\frac{3}{4} - \frac{3}{4} =$		41.	$3\frac{4}{7} + 1\frac{2}{7} =$	
20.	$2\frac{5}{6} + 3 =$		42.	$7\frac{4}{5} - 2\frac{3}{5} =$	
21.	$2\frac{1}{6} + 3 =$		43.	$7\frac{4}{5} - 2\frac{2}{5} =$	
22.	$2\frac{5}{6} + 7 =$		44.	$13\frac{7}{9} - 7\frac{5}{9} =$	

Leçon 10 : Additionner des fractions avec des sommes supérieures à 2.

B

Réponses correctes : _____

Additionner et soustraire des nombres entiers et des unités avec des unités fractionnaires   Progrès : _____

1.	$2 + 1 =$		23.	$4\frac{5}{6} + 6 =$	
2.	$2 + \frac{1}{2} =$		24.	$6\frac{5}{6} + 4 =$	
3.	$2\frac{1}{2} + 1 =$		25.	$10\frac{5}{6} - 4 =$	
4.	$2 - 1 =$		26.	$10\frac{5}{6} - 6 =$	
5.	$2\frac{1}{2} - 1 =$		27.	$4 + \frac{4}{5} + 2 =$	
6.	$5 - 2 =$		28.	$6 + \frac{7}{8} + 3 =$	
7.	$5\frac{1}{2} - 2 =$		29.	$6 + \frac{4}{5} - 2 =$	
8.	$6 - 2 =$		30.	$9 + \frac{5}{12} - 4 =$	
9.	$6\frac{1}{3} - 2 =$		31.	$6 + \frac{1}{5} + \frac{1}{5} + 2 =$	
10.	$6\frac{2}{3} - 2 =$		32.	$6 + \frac{2}{5} + 2 =$	
11.	$6\frac{2}{3} + 2 =$		33.	$6 + \frac{2}{5} + 2 + \frac{2}{5} =$	
12.	$7 + 2 =$		34.	$6\frac{2}{5} + 2\frac{2}{5} =$	
13.	$7 + \frac{3}{4} =$		35.	$5 + \frac{1}{3} + 1 + \frac{1}{3} =$	
14.	$7\frac{3}{4} + 2 =$		36.	$5\frac{1}{3} + 1\frac{1}{3} =$	
15.	$7\frac{3}{4} - 2 =$		37.	$7 + \frac{2}{3} - 1 =$	
16.	$7\frac{3}{4} - 3 =$		38.	$7\frac{2}{3} - 1\frac{1}{3} =$	
17.	$7\frac{3}{4} - 4 =$		39.	$7\frac{2}{3} - 1\frac{2}{3} =$	
18.	$7\frac{3}{4} - 7 =$		40.	$5 + \frac{4}{7} + 1 + \frac{2}{7} =$	
19.	$7\frac{3}{4} - \frac{3}{4} =$		41.	$5\frac{4}{7} + 1\frac{2}{7} =$	
20.	$3\frac{5}{6} + 2 =$		42.	$6 + \frac{4}{5} - 2\frac{3}{5} =$	
21.	$3\frac{1}{6} + 2 =$		43.	$6\frac{4}{5} - 2\frac{3}{5} =$	
22.	$3\frac{5}{6} + 6 =$		44.	$13\frac{7}{9} - 6\frac{5}{9} =$	

Leçon 10 : Additionner des fractions avec des sommes supérieures à 2.

Leçon 12 Sprint 5•3

A

Réponses correctes : _____

Soustraire des fractions avec des unités différentes

1.	$2/4 - 1/4 =$		23.	$4/5 - 7/10 =$	
2.	$1/2 - 1/4 =$		24.	$2/12 - 1/12 =$	
3.	$2/6 - 1/6 =$		25.	$1/6 - 1/12 =$	
4.	$1/3 - 1/6 =$		26.	$6/12 - 1/12 =$	
5.	$2/8 - 1/8 =$		27.	$1/2 - 1/12 =$	
6.	$1/4 - 1/8 =$		28.	$1/2 - 5/12 =$	
7.	$6/8 - 1/8 =$		29.	$10/12 - 5/12 =$	
8.	$3/4 - 1/8 =$		30.	$5/6 - 5/12 =$	
9.	$3/4 - 3/8 =$		31.	$1/3 - 3/12 =$	
10.	$5/10 - 2/10 =$		32.	$2/3 - 1/12 =$	
11.	$1/2 - 2/10 =$		33.	$2/3 - 3/12 =$	
12.	$1/2 - 2/10 =$		34.	$2/3 - 7/12 =$	
13.	$4/10 - 1/10 =$		35.	$1/4 - 2/12 =$	
14.	$2/5 - 1/10 =$		36.	$1/5 - 1/15 =$	
15.	$2/5 - 3/10 =$		37.	$1/3 - 1/15 =$	
16.	$6/10 - 3/10 =$		38.	$2/3 - 3/15 =$	
17.	$3/5 - 3/10 =$		39.	$2/5 - 4/15 =$	
18.	$3/5 - 5/10 =$		40.	$3/4 - 2/12 =$	
19.	$8/10 - 1/10 =$		41.	$3/4 - 5/16 =$	
20.	$4/5 - 1/10 =$		42.	$4/5 - 5/15 =$	
21.	$4/5 - 5/10 =$		43.	$3/4 - 4/12 =$	
22.	$4/5 - 5/10 =$		44.	$3/4 - 7/16 =$	

Leçon 12 : Soustraire des fractions supérieures ou égales à 1.

B

Réponses correctes : _____

Progrès : _____

Soustraire des fractions avec des unités différentes

1.	$2/10 - 1/10 =$		23.	$3/4 - 3/8 =$	
2.	$1/5 - 1/10 =$		24.	$5/15 - 1/15 =$	
3.	$2/4 - 1/4 =$		25.	$1/3 - 1/15 =$	
4.	$1/2 - 1/4 =$		26.	$3/15 - 1/15 =$	
5.	$5/10 - 2/10 =$		27.	$1/5 - 1/15 =$	
6.	$1/2 - 2/10 =$		28.	$1/5 - 2/15 =$	
7.	$1/2 - 4/10 =$		29.	$12/15 - 4/15 =$	
8.	$4/10 - 1/10 =$		30.	$4/5 - 4/15 =$	
9.	$2/5 - 1/10 =$		31.	$1/4 - 2/12 =$	
10.	$2/5 - 3/10 =$		32.	$3/4 - 2/12 =$	
11.	$6/10 - 3/10 =$		33.	$3/4 - 4/12 =$	
12.	$3/5 - 3/10 =$		34.	$3/4 - 8/12 =$	
13.	$3/5 - 5/10 =$		35.	$1/3 - 3/12 =$	
14.	$8/10 - 1/10 =$		36.	$1/6 - 1/12 =$	
15.	$4/5 - 1/10 =$		37.	$1/3 - 3/15 =$	
16.	$4/5 - 5/10 =$		38.	$2/3 - 2/15 =$	
17.	$4/5 - 5/10 =$		39.	$2/5 - 2/15 =$	
18.	$4/5 - 7/10 =$		40.	$3/4 - 4/12 =$	
19.	$2/8 - 1/8 =$		41.	$3/4 - 7/16 =$	
20.	$1/4 - 1/8 =$		42.	$4/5 - 4/15 =$	
21.	$6/8 - 1/8 =$		43.	$3/4 - 2/12 =$	
22.	$3/4 - 1/8 =$		44.	$3/4 - 5/16 =$	

Leçon 12 : Soustraire des fractions supérieures ou égales à 1.

A

Réponses correctes : _____

Faire des unités plus grandes

1.	$2/4 =$		23.	$9/27 =$	
2.	$2/6 =$		24.	$9/63 =$	
3.	$2/8 =$		25.	$8/12 =$	
4.	$5/10 =$		26.	$8/16 =$	
5.	$5/15 =$		27.	$8/24 =$	
6.	$5/20 =$		28.	$8/64 =$	
7.	$4/8 =$		29.	$12/18 =$	
8.	$4/12 =$		30.	$12/16 =$	
9.	$4/16 =$		31.	$9/12 =$	
10.	$3/6 =$		32.	$6/8 =$	
11.	$3/9 =$		33.	$10/12 =$	
12.	$3/12 =$		34.	$15/18 =$	
13.	$4/6 =$		35.	$8/10 =$	
14.	$6/12 =$		36.	$16/20 =$	
15.	$6/18 =$		37.	$12/15 =$	
16.	$6/30 =$		38.	$18/27 =$	
17.	$6/9 =$		39.	$27/36 =$	
18.	$7/14 =$		40.	$32/40 =$	
19.	$7/21 =$		41.	$45/54 =$	
20.	$7/42 =$		42.	$24/36 =$	
21.	$8/12 =$		43.	$60/72 =$	
22.	$9/18 =$		44.	$48/60 =$	

Leçon 14 : Élaborer une stratégie pour résoudre des problèmes à plusieurs termes.

B

Réponses correctes : _____

Faire des unités plus grandes

Progrès : _____

1.	$5/10 =$		23.	$8/24 =$	
2.	$5/15 =$		24.	$8/56 =$	
3.	$5/20 =$		25.	$8/12 =$	
4.	$2/4 =$		26.	$9/18 =$	
5.	$2/6 =$		27.	$9/27 =$	
6.	$2/8 =$		28.	$9/72 =$	
7.	$3/6 =$		29.	$12/18 =$	
8.	$3/9 =$		30.	$6/8 =$	
9.	$3/12 =$		31.	$9/12 =$	
10.	$4/8 =$		32.	$12/16 =$	
11.	$4/12 =$		33.	$8/10 =$	
12.	$4/16 =$		34.	$16/20 =$	
13.	$4/6 =$		35.	$12/15 =$	
14.	$7/14 =$		36.	$10/12 =$	
15.	$7/21 =$		37.	$15/18 =$	
16.	$7/35 =$		38.	$16/24 =$	
17.	$6/9 =$		39.	$24/32 =$	
18.	$6/12 =$		40.	$36/45 =$	
19.	$6/18 =$		41.	$40/48 =$	
20.	$6/36 =$		42.	$24/36 =$	
21.	$8/12 =$		43.	$48/60 =$	
22.	$8/16 =$		44.	$60/72 =$	

Leçon 14 : Élaborer une stratégie pour résoudre des problèmes à plusieurs termes.

A

Réponses correctes : _____

Entoure la fraction la plus petite

1.	1/2	1/4
2.	1/2	3/4
3.	1/2	5/8
4.	1/2	7/8
5.	1/2	1/10
6.	1/2	3/10
7.	1/2	5/12
8.	1/2	11/12
9.	1/2	7/10
10.	1/5	9/10
11.	2/5	1/10
12.	2/5	3/10
13.	3/5	3/10
14.	3/5	7/10
15.	4/5	1/10
16.	4/5	9/10
17.	1/3	1/9
18.	1/3	2/9
19.	1/3	4/9
20.	1/3	8/9
21.	1/3	1/12
22.	1/3	5/12

23.	1/4	1/8
24.	1/4	3/8
25.	1/4	7/12
26.	1/4	11/12
27.	1/6	7/12
28.	1/6	11/12
29.	2/3	1/6
30.	2/3	5/6
31.	2/3	2/9
32.	2/3	4/9
33.	2/3	1/12
34.	2/3	5/12
35.	2/3	11/12
36.	2/3	7/12
37.	3/4	1/8
38.	3/4	1/8
39.	5/6	7/12
40.	5/6	5/12
41.	6/7	38/42
42.	7/8	62/72
43.	49/54	8/9
44.	67/72	11/12

UNE HISTOIRE D'UNITÉS — Leçon 15 Sprint 5•3

B

Réponses correctes : _____

Entoure la fraction la plus petite

Progrès : _____

1.	1/2	1/6
2.	1/2	5/6
3.	1/2	1/8
4.	1/2	3/8
5.	1/2	7/10
6.	1/2	9/10
7.	1/2	1/12
8.	1/2	7/12
9.	1/5	1/10
10.	1/5	3/10
11.	2/5	7/10
12.	2/5	9/10
13.	3/5	1/10
14.	3/5	9/10
15.	4/5	3/10
16.	4/5	7/10
17.	1/3	1/6
18.	1/3	5/6
19.	1/3	5/9
20.	1/3	7/9
21.	1/3	7/12
22.	1/3	11/12

23.	1/4	5/8
24.	1/4	7/8
25.	1/4	1/12
26.	1/4	5/12
27.	1/6	1/12
28.	1/6	5/12
29.	2/3	1/9
30.	2/3	7/9
31.	2/3	5/9
32.	2/3	8/9
33.	3/4	1/2
34.	3/4	5/12
35.	3/4	11/12
36.	3/4	7/12
37.	5/6	1/12
38.	5/6	11/12
39.	3/4	5/8
40.	3/4	3/8
41.	6/7	34/42
42.	7/8	64/72
43.	47/54	8/9
44.	65/72	11/12

Leçon 15 : Résoudre des problèmes à plusieurs étapes ; évaluer le caractère raisonnable des solutions en utilisant des nombres repères.

Copyright © Great Minds PBC

5e année

Module 4

UNE HISTOIRE D'UNITÉS | Leçon 6 Sprint 5•4

A

Réponses correctes : _____

Divise des nombres entiers

1.	1 ÷ 2 =		23.	6 ÷ 2 =	
2.	1 ÷ 3 =		24.	7 ÷ 2 =	
3.	1 ÷ 8 =		25.	8 ÷ 8 =	
4.	2 ÷ 2 =		26.	9 ÷ 8 =	
5.	2 ÷ 3 =		27.	15 ÷ 8 =	
6.	3 ÷ 3 =		28.	8 ÷ 4 =	
7.	3 ÷ 4 =		29.	11 ÷ 4 =	
8.	3 ÷ 10 =		30.	15 ÷ 2 =	
9.	3 ÷ 5 =		31.	24 ÷ 5 =	
10.	5 ÷ 5 =		32.	17 ÷ 4 =	
11.	6 ÷ 5 =		33.	20 ÷ 3 =	
12.	7 ÷ 5 =		34.	13 ÷ 6 =	
13.	9 ÷ 5 =		35.	30 ÷ 7 =	
14.	2 ÷ 3 =		36.	27 ÷ 8 =	
15.	4 ÷ 4 =		37.	49 ÷ 9 =	
16.	5 ÷ 4 =		38.	29 ÷ 6 =	
17.	7 ÷ 4 =		39.	47 ÷ 7 =	
18.	4 ÷ 2 =		40.	53 ÷ 8 =	
19.	5 ÷ 2 =		41.	67 ÷ 9 =	
20.	10 ÷ 5 =		42.	59 ÷ 6 =	
21.	11 ÷ 5 =		43.	63 ÷ 8 =	
22.	13 ÷ 5 =		44.	71 ÷ 9 =	

Leçon 6 : Rattacher des fractions comme une division à des fractions d'une série.

Copyright © Great Minds PBC

B

Réponses correctes : _____

Divise des nombres entiers

Progrès : _____

1.	1 ÷ 3 =	
2.	1 ÷ 4 =	
3.	1 ÷ 10 =	
4.	5 ÷ 5 =	
5.	5 ÷ 6 =	
6.	3 ÷ 3 =	
7.	3 ÷ 7 =	
8.	3 ÷ 10 =	
9.	3 ÷ 4 =	
10.	4 ÷ 4 =	
11.	5 ÷ 4 =	
12.	2 ÷ 2 =	
13.	3 ÷ 2 =	
14.	4 ÷ 5 =	
15.	10 ÷ 10 =	
16.	11 ÷ 10 =	
17.	13 ÷ 10 =	
18.	10 ÷ 5 =	
19.	11 ÷ 5 =	
20.	13 ÷ 5 =	
21.	4 ÷ 2 =	
22.	5 ÷ 2 =	

23.	15 ÷ 5 =	
24.	16 ÷ 5 =	
25.	6 ÷ 6 =	
26.	7 ÷ 6 =	
27.	11 ÷ 6 =	
28.	6 ÷ 3 =	
29.	8 ÷ 3 =	
30.	13 ÷ 2 =	
31.	23 ÷ 5 =	
32.	15 ÷ 4 =	
33.	19 ÷ 4 =	
34.	19 ÷ 6 =	
35.	31 ÷ 7 =	
36.	37 ÷ 8 =	
37.	50 ÷ 9 =	
38.	17 ÷ 6 =	
39.	48 ÷ 7 =	
40.	51 ÷ 8 =	
41.	68 ÷ 9 =	
42.	53 ÷ 6 =	
43.	61 ÷ 8 =	
44.	70 ÷ 9 =	

A

Réponses correctes : _____

Multiplie une fraction et un nombre entier

1.	$\frac{1}{5} \times 2 =$		23.	$\frac{5}{6} \times 12 =$	
2.	$\frac{1}{5} \times 3 =$		24.	$\frac{1}{3} \times 15 =$	
3.	$\frac{1}{5} \times 4 =$		25.	$\frac{2}{3} \times 15 =$	
4.	$4 \times \frac{1}{5} =$		26.	$15 \times \frac{2}{3} =$	
5.	$\frac{1}{8} \times 3 =$		27.	$\frac{1}{5} \times 15 =$	
6.	$\frac{1}{8} \times 5 =$		28.	$\frac{2}{5} \times 15 =$	
7.	$\frac{1}{8} \times 7 =$		29.	$\frac{4}{5} \times 15 =$	
8.	$7 \times \frac{1}{8} =$		30.	$\frac{3}{5} \times 15 =$	
9.	$3 \times \frac{1}{10} =$		31.	$15 \times \frac{3}{5} =$	
10.	$7 \times \frac{1}{10} =$		32.	$18 \times \frac{1}{6} =$	
11.	$\frac{1}{10} \times 7 =$		33.	$18 \times \frac{5}{6} =$	
12.	$4 \div 2 =$		34.	$\frac{5}{6} \times 18 =$	
13.	$4 \times \frac{1}{2} =$		35.	$24 \times \frac{1}{4} =$	
14.	$6 \div 3 =$		36.	$\frac{3}{4} \times 24 =$	
15.	$\frac{1}{3} \times 6 =$		37.	$32 \times \frac{1}{8} =$	
16.	$10 \div 5 =$		38.	$32 \times \frac{3}{8} =$	
17.	$10 \times \frac{1}{5} =$		39.	$\frac{5}{8} \times 32 =$	
18.	$\frac{1}{3} \times 9 =$		40.	$32 \times \frac{7}{8} =$	
19.	$\frac{2}{3} \times 9 =$		41.	$\frac{5}{9} \times 54 =$	
20.	$\frac{1}{4} \times 8 =$		42.	$63 \times \frac{7}{9} =$	
21.	$\frac{3}{4} \times 8 =$		43.	$56 \times \frac{3}{7} =$	
22.	$\frac{1}{6} \times 12 =$		44.	$\frac{6}{7} \times 49 =$	

Leçon 14 : Multiplier des fractions unitaires par des fractions non unitaires.

B

Réponses correctes : _____

Multiplie une fraction et un nombre entier

Progrès : _____

1.	$\frac{1}{7} \times 2 =$		23.	$\frac{3}{4} \times 8 =$	
2.	$\frac{1}{7} \times 3 =$		24.	$\frac{1}{5} \times 15 =$	
3.	$\frac{1}{7} \times 4 =$		25.	$\frac{2}{5} \times 15 =$	
4.	$4 \times \frac{1}{7} =$		26.	$\frac{4}{5} \times 15 =$	
5.	$\frac{1}{10} \times 3 =$		27.	$\frac{3}{5} \times 15 =$	
6.	$\frac{1}{10} \times 7 =$		28.	$15 \times \frac{3}{5} =$	
7.	$\frac{1}{10} \times 9 =$		29.	$\frac{1}{3} \times 15 =$	
8.	$9 \times \frac{1}{10} =$		30.	$\frac{2}{3} \times 15 =$	
9.	$3 \times \frac{1}{8} =$		31.	$15 \times \frac{2}{3} =$	
10.	$5 \times \frac{1}{8} =$		32.	$24 \times \frac{1}{6} =$	
11.	$\frac{1}{8} \times 5 =$		33.	$24 \times \frac{5}{6} =$	
12.	$10 \div 5 =$		34.	$\frac{5}{6} \times 24 =$	
13.	$10 \times \frac{1}{5} =$		35.	$20 \times \frac{1}{4} =$	
14.	$9 \div 3 =$		36.	$\frac{3}{4} \times 20 =$	
15.	$\frac{1}{3} \times 9 =$		37.	$24 \times \frac{1}{8} =$	
16.	$10 \div 2 =$		38.	$24 \times \frac{3}{8} =$	
17.	$10 \times \frac{1}{2} =$		39.	$\frac{5}{8} \times 24 =$	
18.	$\frac{1}{3} \times 6 =$		40.	$24 \times \frac{7}{8} =$	
19.	$\frac{2}{3} \times 6 =$		41.	$\frac{5}{9} \times 63 =$	
20.	$\frac{1}{6} \times 12 =$		42.	$54 \times \frac{7}{9} =$	
21.	$\frac{5}{6} \times 12 =$		43.	$49 \times \frac{3}{7} =$	
22.	$\frac{1}{4} \times 8 =$		44.	$\frac{6}{7} \times 56 =$	

Leçon 14 : Multiplier des fractions unitaires par des fractions non unitaires.

A

Réponses correctes : _____

Multiplie des fractions

1.	1/2 × 1/2 =		23.	2/5 × 5/3 =	
2.	1/2 × 1/3 =		24.	3/5 × 5/2 =	
3.	1/2 × 1/4 =		25.	1/3 × 1/3 =	
4.	1/2 × 1/7 =		26.	1/3 × 2/3 =	
5.	1/7 × 1/2 =		27.	2/3 × 2/3 =	
6.	1/3 × 1/2 =		28.	2/3 × 3/2 =	
7.	1/3 × 1/3 =		29.	2/3 × 4/3 =	
8.	1/3 × 1/6 =		30.	2/3 × 5/3 =	
9.	1/3 × 1/5 =		31.	3/2 × 3/5 =	
10.	1/5 × 1/3 =		32.	3/4 × 1/5 =	
11.	1/5 × 1/3 =		33.	3/4 × 4/5 =	
12.	2/5 × 2/3 =		34.	3/4 × 5/5 =	
13.	1/4 × 1/3 =		35.	3/4 × 6/5 =	
14.	1/4 × 2/3 =		36.	1/4 × 6/5 =	
15.	3/4 × 2/3 =		37.	1/7 × 1/7 =	
16.	1/6 × 1/3 =		38.	1/8 × 3/5 =	
17.	5/6 × 1/3 =		39.	5/6 × 1/4 =	
18.	5/6 × 2/3 =		40.	3/4 × 3/4 =	
19.	5/4 × 2/3 =		41.	2/3 × 6/6 =	
20.	1/5 × 1/5 =		42.	3/4 × 6/2 =	
21.	2/5 × 2/5 =		43.	7/8 × 7/9 =	
22.	2/5 × 3/5 =		44.	7/12 × 9/8 =	

Leçon 18 : Rattacher la multiplication décimale et de fractions.

B

Réponses correctes : _____

Multiplie des fractions

Progrès : _____

1.	$1/2 \times 1/3 =$		23.	$3/5 \times 5/4 =$	
2.	$1/2 \times 1/4 =$		24.	$4/5 \times 5/3 =$	
3.	$1/2 \times 1/5 =$		25.	$1/4 \times 1/4 =$	
4.	$1/2 \times 1/9 =$		26.	$1/4 \times 3/4 =$	
5.	$1/9 \times 1/2 =$		27.	$3/4 \times 3/4 =$	
6.	$1/5 \times 1/2 =$		28.	$3/4 \times 4/3 =$	
7.	$1/5 \times 1/3 =$		29.	$3/4 \times 5/4 =$	
8.	$1/5 \times 1/7 =$		30.	$3/4 \times 6/4 =$	
9.	$1/5 \times 1/3 =$		31.	$4/3 \times 4/6 =$	
10.	$1/3 \times 1/5 =$		32.	$2/3 \times 1/5 =$	
11.	$1/3 \times 2/5 =$		33.	$2/3 \times 4/5 =$	
12.	$2/3 \times 2/5 =$		34.	$2/3 \times 5/5 =$	
13.	$1/3 \times 1/4 =$		35.	$2/3 \times 6/5 =$	
14.	$1/3 \times 3/4 =$		36.	$1/3 \times 6/5 =$	
15.	$2/3 \times 3/4 =$		37.	$1/9 \times 1/9 =$	
16.	$1/3 \times 1/6 =$		38.	$1/5 \times 3/8 =$	
17.	$2/3 \times 1/6 =$		39.	$3/4 \times 1/6 =$	
18.	$2/3 \times 5/6 =$		40.	$2/3 \times 2/3 =$	
19.	$3/2 \times 3/4 =$		41.	$3/4 \times 8/8 =$	
20.	$1/5 \times 1/5 =$		42.	$2/3 \times 6/3 =$	
21.	$3/5 \times 3/5 =$		43.	$6/7 \times 8/9 =$	
22.	$3/5 \times 4/5 =$		44.	$7/12 \times 8/7 =$	

Leçon 18 : Rattacher la multiplication décimale et de fractions.

A

Réponses correctes : _____

Multiplie des décimales

1.	3 × 2 =	
2.	3 × 0.2 =	
3.	3 × 0.02 =	
4.	3 × 3 =	
5.	3 × 0.3 =	
6.	3 × 0.03 =	
7.	2 × 4 =	
8.	2 × 0.4 =	
9.	2 × 0.04 =	
10.	5 × 3 =	
11.	5 × 0.3 =	
12.	5 × 0.03 =	
13.	7 × 2 =	
14.	7 × 0.2 =	
15.	7 × 0.02 =	
16.	4 × 3 =	
17.	4 × 0.3 =	
18.	0.4 × 3 =	
19.	0.4 × 0.3 =	
20.	0.4 × 0.03 =	
21.	0.3 × 0.04 =	
22.	6 × 2 =	

23.	0.6 × 2 =	
24.	0.6 × 0.2 =	
25.	0.6 × 0.02 =	
26.	0.2 × 0.06 =	
27.	5 × 7 =	
28.	0.5 × 7 =	
29.	0.5 × 0.7 =	
30.	0.5 × 0.07 =	
31.	0.7 × 0.05 =	
32.	2 × 8 =	
33.	9 × 0.2 =	
34.	3 × 7 =	
35.	8 × 0.03 =	
36.	4 × 6 =	
37.	0.6 × 7 =	
38.	0.7 × 0.7 =	
39.	0.8 × 0.06 =	
40.	0.09 × 0.6 =	
41.	6 × 0.8 =	
42.	0.7 × 0.9 =	
43.	0.08 × 0.8 =	
44.	0.9 × 0.08 =	

Leçon 21 : Expliquer la taille du produit, et rattacher l'équivalence de la fraction et de la décimale à la multiplication d'une fraction par 1.

B

Réponses correctes : _____

Multiplie des décimales

Progrès : _____

1.	4 × 2 =		23.	0.8 × 2 =	
2.	4 × 0.2 =		24.	0.8 × 0.2 =	
3.	4 × 0.02 =		25.	0.8 × 0.02 =	
4.	2 × 3 =		26.	0.2 × 0.08 =	
5.	2 × 0.3 =		27.	5 × 9 =	
6.	2 × 0.03 =		28.	0.5 × 9 =	
7.	3 × 3 =		29.	0.5 × 0.9 =	
8.	3 × 0.3 =		30.	0.5 × 0.09 =	
9.	3 × 0.03 =		31.	0.9 × 0.05 =	
10.	4 × 3 =		32.	2 × 6 =	
11.	4 × 0.3 =		33.	7 × 0.2 =	
12.	4 × 0.03 =		34.	3 × 8 =	
13.	9 × 2 =		35.	9 × 0.03 =	
14.	9 × 0.2 =		36.	4 × 8 =	
15.	9 × 0.02 =		37.	0.7 × 6 =	
16.	5 × 3 =		38.	0.6 × 0.6 =	
17.	5 × 0.3 =		39.	0.6 × 0.08 =	
18.	0.5 × 3 =		40.	0.06 × 0.9 =	
19.	0.5 × 0.3 =		41.	8 × 0.6 =	
20.	0.5 × 0.03 =		42.	0.9 × 0.7 =	
21.	0.3 × 0.05 =		43.	0.07 × 0.7 =	
22.	8 × 2 =		44.	0.8 × 0.09 =	

Leçon 21 : Expliquer la taille du produit, et rattacher l'équivalence de la fraction et de la décimale à la multiplication d'une fraction par 1.

A

Réponses correctes : _____

Divise des nombres entiers par des fractions et des fractions par des nombres entiers

1.	$\frac{1}{2} \div 2 =$		23.	$4 \div \frac{1}{4} =$	
2.	$\frac{1}{2} \div 3 =$		24.	$\frac{1}{3} \div 3 =$	
3.	$\frac{1}{2} \div 4 =$		25.	$\frac{2}{3} \div 3 =$	
4.	$\frac{1}{2} \div 7 =$		26.	$\frac{1}{4} \div 2 =$	
5.	$7 \div \frac{1}{2} =$		27.	$\frac{3}{4} \div 2 =$	
6.	$6 \div \frac{1}{2} =$		28.	$\frac{1}{5} \div 2 =$	
7.	$5 \div \frac{1}{2} =$		29.	$\frac{3}{5} \div 2 =$	
8.	$3 \div \frac{1}{2} =$		30.	$\frac{1}{6} \div 2 =$	
9.	$2 \div \frac{1}{5} =$		31.	$\frac{5}{6} \div 2 =$	
10.	$3 \div \frac{1}{5} =$		32.	$\frac{5}{6} \div 3 =$	
11.	$4 \div \frac{1}{5} =$		33.	$\frac{1}{6} \div 3 =$	
12.	$7 \div \frac{1}{5} =$		34.	$3 \div \frac{1}{6} =$	
13.	$\frac{1}{5} \div 7 =$		35.	$6 \div \frac{1}{6} =$	
14.	$\frac{1}{3} \div 2 =$		36.	$7 \div \frac{1}{7} =$	
15.	$2 \div \frac{1}{3} =$		37.	$8 \div \frac{1}{8} =$	
16.	$\frac{1}{4} \div 2 =$		38.	$9 \div \frac{1}{9} =$	
17.	$2 \div \frac{1}{4} =$		39.	$\frac{1}{8} \div 7 =$	
18.	$\frac{1}{5} \div 2 =$		40.	$9 \div \frac{1}{8} =$	
19.	$2 \div \frac{1}{5} =$		41.	$\frac{1}{8} \div 7 =$	
20.	$3 \div \frac{1}{4} =$		42.	$7 \div \frac{1}{6} =$	
21.	$\frac{1}{4} \div 3 =$		43.	$9 \div \frac{1}{7} =$	
22.	$\frac{1}{4} \div 4 =$		44.	$\frac{1}{8} \div 9 =$	

Leçon 30 : Diviser des dividendes décimales par des diviseurs décimaux non unitaires.

B

Réponses correctes : _____

Divise des nombres entiers par des fractions et des fractions par des nombres entiers   Progrès : _____

1.	$\frac{1}{2} \div 2 =$		23.	$3 \div \frac{1}{3} =$	
2.	$\frac{1}{5} \div 3 =$		24.	$\frac{1}{4} \div 4 =$	
3.	$\frac{1}{5} \div 4 =$		25.	$\frac{3}{4} \div 4 =$	
4.	$\frac{1}{5} \div 7 =$		26.	$\frac{1}{3} \div 3 =$	
5.	$7 \div \frac{1}{5} =$		27.	$\frac{2}{3} \div 3 =$	
6.	$6 \div \frac{1}{5} =$		28.	$\frac{1}{6} \div 2 =$	
7.	$5 \div \frac{1}{5} =$		29.	$\frac{5}{6} \div 2 =$	
8.	$3 \div \frac{1}{5} =$		30.	$\frac{1}{5} \div 5 =$	
9.	$2 \div \frac{1}{2} =$		31.	$\frac{3}{5} \div 5 =$	
10.	$3 \div \frac{1}{2} =$		32.	$\frac{3}{5} \div 4 =$	
11.	$4 \div \frac{1}{2} =$		33.	$\frac{1}{5} \div 6 =$	
12.	$7 \div \frac{1}{2} =$		34.	$6 \div \frac{1}{5} =$	
13.	$\frac{1}{2} \div 7 =$		35.	$6 \div \frac{1}{4} =$	
14.	$\frac{1}{4} \div 2 =$		36.	$7 \div \frac{1}{6} =$	
15.	$2 \div \frac{1}{4} =$		37.	$8 \div \frac{1}{7} =$	
16.	$\frac{1}{3} \div 2 =$		38.	$9 \div \frac{1}{8} =$	
17.	$2 \div \frac{1}{3} =$		39.	$\frac{1}{8} \div 8 =$	
18.	$\frac{1}{2} \div 2 =$		40.	$9 \div \frac{1}{9} =$	
19.	$2 \div \frac{1}{2} =$		41.	$\frac{1}{9} \div 8 =$	
20.	$4 \div \frac{1}{3} =$		42.	$7 \div \frac{1}{7} =$	
21.	$\frac{1}{3} \div 4 =$		43.	$9 \div \frac{1}{6} =$	
22.	$\frac{1}{3} \div 3 =$		44.	$\frac{1}{8} \div 6 =$	

Leçon 30 : Diviser des dividendes décimales par des diviseurs décimaux non unitaires.

A

Réponses correctes : _____

Divise des décimales

1.	1 ÷ 1 =			23.	5 ÷ 0.1 =	
2.	1 ÷ 0.1 =			24.	0.5 ÷ 0.1 =	
3.	2 ÷ 0.1 =			25.	0.05 ÷ 0.1 =	
4.	7 ÷ 0.1 =			26.	0.08 ÷ 0.1 =	
5.	1 ÷ 0.1 =			27.	4 ÷ 0.01 =	
6.	10 ÷ 0.1 =			28.	40 ÷ 0.01 =	
7.	20 ÷ 0.1 =			29.	47 ÷ 0.01 =	
8.	60 ÷ 0.1 =			30.	59 ÷ 0.01 =	
9.	1 ÷ 1 =			31.	3 ÷ 0.1 =	
10.	1 ÷ 0.1 =			32.	30 ÷ 0.1 =	
11.	10 ÷ 0.1 =			33.	32 ÷ 0.1 =	
12.	100 ÷ 0.1 =			34.	32.5 ÷ 0.1 =	
13.	200 ÷ 0.1 =			35.	25 ÷ 5 =	
14.	800 ÷ 0.1 =			36.	2.5 ÷ 0.5 =	
15.	1 ÷ 0.1 =			37.	2.5 ÷ 0.05 =	
16.	1 ÷ 0.01 =			38.	3.6 ÷ 0.04 =	
17.	2 ÷ 0.01 =			39.	32 ÷ 0.08 =	
18.	9 ÷ 0.01 =			40.	56 ÷ 0.7 =	
19.	5 ÷ 0.01 =			41.	77 ÷ 1.1 =	
20.	50 ÷ 0.01 =			42.	4.8 ÷ 0.12 =	
21.	60 ÷ 0.01 =			43.	4.84 ÷ 0.4 =	
22.	20 ÷ 0.01 =			44.	9.63 ÷ 0.03 =	

Leçon 33 : Créer des histoires de contextes pour des expressions numériques et des diagrammes en bande, et résoudre les problèmes.

B

Réponses correctes : _____

Divise des décimales

Progrès : _____

#	Question		#	Question	
1.	10 ÷ 1 =		23.	4 ÷ 0.1 =	
2.	1 ÷ 0.1 =		24.	0.4 ÷ 0.1 =	
3.	2 ÷ 0.1 =		25.	0.04 ÷ 0.1 =	
4.	8 ÷ 0.1 =		26.	0.07 ÷ 0.1 =	
5.	1 ÷ 0.1 =		27.	5 ÷ 0.01 =	
6.	10 ÷ 0.1 =		28.	50 ÷ 0.01 =	
7.	20 ÷ 0.1 =		29.	53 ÷ 0.01 =	
8.	70 ÷ 0.1 =		30.	68 ÷ 0.01 =	
9.	1 ÷ 1 =		31.	2 ÷ 0.1 =	
10.	1 ÷ 0.1 =		32.	20 ÷ 0.1 =	
11.	10 ÷ 0.1 =		33.	23 ÷ 0.1 =	
12.	100 ÷ 0.1 =		34.	23.6 ÷ 0.1 =	
13.	200 ÷ 0.1 =		35.	15 ÷ 5 =	
14.	900 ÷ 0.1 =		36.	1.5 ÷ 0.5 =	
15.	1 ÷ 0.1 =		37.	1.5 ÷ 0.05 =	
16.	1 ÷ 0.01 =		38.	3.2 ÷ 0.04 =	
17.	2 ÷ 0.01 =		39.	28 ÷ 0.07 =	
18.	7 ÷ 0.01 =		40.	42 ÷ 0.6 =	
19.	4 ÷ 0.01 =		41.	88 ÷ 1.1 =	
20.	40 ÷ 0.01 =		42.	3.6 ÷ 0.12 =	
21.	50 ÷ 0.01 =		43.	3.63 ÷ 0.3 =	
22.	80 ÷ 0.01 =		44.	8.44 ÷ 0.04 =	

Leçon 33 : Créer des histoires de contextes pour des expressions numériques et des diagrammes en bande, et résoudre les problèmes.

5e année

Module 5

UNE HISTOIRE D'UNITÉS — Leçon 3 Sprint 5•5

A

Réponses correctes : _____

Multiplie une fraction et un nombre entier

1.	$1/5 \times 2 =$		23.	$5/6 \times 12 =$	
2.	$1/5 \times 3 =$		24.	$1/3 \times 15 =$	
3.	$1/5 \times 4 =$		25.	$2/3 \times 15 =$	
4.	$4 \times 1/5 =$		26.	$15 \times 2/3 =$	
5.	$1/8 \times 3 =$		27.	$1/5 \times 15 =$	
6.	$1/8 \times 5 =$		28.	$2/5 \times 15 =$	
7.	$1/8 \times 7 =$		29.	$4/5 \times 15 =$	
8.	$7 \times 1/8 =$		30.	$3/5 \times 15 =$	
9.	$3 \times 1/10 =$		31.	$15 \times 3/5 =$	
10.	$7 \times 1/10 =$		32.	$18 \times 1/6 =$	
11.	$1/10 \times 7 =$		33.	$18 \times 5/6 =$	
12.	$4 \div 2 =$		34.	$5/6 \times 18 =$	
13.	$4 \times 1/2 =$		35.	$24 \times 1/4 =$	
14.	$6 \div 3 =$		36.	$3/4 \times 24 =$	
15.	$1/3 \times 6 =$		37.	$32 \times 1/8 =$	
16.	$10 \div 5 =$		38.	$32 \times 3/8 =$	
17.	$10 \times 1/5 =$		39.	$5/8 \times 32 =$	
18.	$1/3 \times 9 =$		40.	$32 \times 7/8 =$	
19.	$2/3 \times 9 =$		41.	$5/9 \times 54 =$	
20.	$1/4 \times 8 =$		42.	$63 \times 7/9 =$	
21.	$3/4 \times 8 =$		43.	$56 \times 3/7 =$	
22.	$1/6 \times 12 =$		44.	$6/7 \times 49 =$	

Leçon 3 : Compose et décompose des prismes rectangulaires droits à l'aide de couches.

B

Réponses correctes : _____

Multiplie une fraction et un nombre entier

Progrès : _____

#			#		
1.	$1/7 \times 2 =$		23.	$3/4 \times 8 =$	
2.	$1/7 \times 3 =$		24.	$1/5 \times 15 =$	
3.	$1/7 \times 4 =$		25.	$2/5 \times 15 =$	
4.	$4 \times 1/7 =$		26.	$4/5 \times 15 =$	
5.	$1/10 \times 3 =$		27.	$3/5 \times 15 =$	
6.	$1/10 \times 7 =$		28.	$15 \times 3/5 =$	
7.	$1/10 \times 9 =$		29.	$1/3 \times 15 =$	
8.	$9 \times 1/10 =$		30.	$2/3 \times 15 =$	
9.	$3 \times 1/8 =$		31.	$15 \times 2/3 =$	
10.	$5 \times 1/8 =$		32.	$24 \times 1/6 =$	
11.	$1/8 \times 5 =$		33.	$24 \times 5/6 =$	
12.	$10 \div 5 =$		34.	$5/6 \times 24 =$	
13.	$10 \times 1/5 =$		35.	$20 \times 1/4 =$	
14.	$9 \div 3 =$		36.	$3/4 \times 20 =$	
15.	$1/3 \times 9 =$		37.	$24 \times 1/8 =$	
16.	$10 \div 2 =$		38.	$24 \times 3/8 =$	
17.	$10 \times 1/2 =$		39.	$5/8 \times 24 =$	
18.	$1/3 \times 6 =$		40.	$24 \times 7/8 =$	
19.	$2/3 \times 6 =$		41.	$5/9 \times 63 =$	
20.	$1/6 \times 12 =$		42.	$54 \times 7/9 =$	
21.	$5/6 \times 12 =$		43.	$49 \times 3/7 =$	
22.	$1/4 \times 8 =$		44.	$6/7 \times 56 =$	

Leçon 3 : Compose et décompose des prismes rectangulaires droits à l'aide de couches.

UNE HISTOIRE D'UNITÉS   Leçon 7 Sprint   5•5

A
Réponses correctes : _____

Multiplie des fractions

1.	$\frac{1}{2} \times \frac{1}{2} =$		23.	$\frac{2}{5} \times \frac{5}{3} =$	
2.	$\frac{1}{2} \times \frac{1}{3} =$		24.	$\frac{3}{5} \times \frac{5}{2} =$	
3.	$\frac{1}{2} \times \frac{1}{4} =$		25.	$\frac{1}{3} \times \frac{1}{3} =$	
4.	$\frac{1}{2} \times \frac{1}{7} =$		26.	$\frac{1}{3} \times \frac{2}{3} =$	
5.	$\frac{1}{7} \times \frac{1}{2} =$		27.	$\frac{2}{3} \times \frac{2}{3} =$	
6.	$\frac{1}{3} \times \frac{1}{2} =$		28.	$\frac{2}{3} \times \frac{3}{2} =$	
7.	$\frac{1}{3} \times \frac{1}{3} =$		29.	$\frac{2}{3} \times \frac{4}{3} =$	
8.	$\frac{1}{3} \times \frac{1}{6} =$		30.	$\frac{2}{3} \times \frac{5}{3} =$	
9.	$\frac{1}{3} \times \frac{1}{5} =$		31.	$\frac{3}{2} \times \frac{3}{5} =$	
10.	$\frac{1}{5} \times \frac{1}{3} =$		32.	$\frac{3}{4} \times \frac{1}{5} =$	
11.	$\frac{1}{5} \times \frac{2}{3} =$		33.	$\frac{3}{4} \times \frac{4}{5} =$	
12.	$\frac{2}{5} \times \frac{2}{3} =$		34.	$\frac{3}{4} \times \frac{5}{5} =$	
13.	$\frac{1}{4} \times \frac{1}{3} =$		35.	$\frac{3}{4} \times \frac{6}{5} =$	
14.	$\frac{1}{4} \times \frac{2}{3} =$		36.	$\frac{1}{4} \times \frac{6}{5} =$	
15.	$\frac{3}{4} \times \frac{2}{3} =$		37.	$\frac{1}{7} \times \frac{1}{7} =$	
16.	$\frac{1}{6} \times \frac{1}{3} =$		38.	$\frac{1}{8} \times \frac{3}{5} =$	
17.	$\frac{5}{6} \times \frac{1}{3} =$		39.	$\frac{5}{6} \times \frac{1}{4} =$	
18.	$\frac{5}{6} \times \frac{2}{3} =$		40.	$\frac{3}{4} \times \frac{3}{4} =$	
19.	$\frac{5}{4} \times \frac{2}{3} =$		41.	$\frac{2}{3} \times \frac{6}{6} =$	
20.	$\frac{1}{5} \times \frac{1}{5} =$		42.	$\frac{3}{4} \times \frac{6}{2} =$	
21.	$\frac{2}{5} \times \frac{2}{5} =$		43.	$\frac{7}{8} \times \frac{7}{9} =$	
22.	$\frac{2}{5} \times \frac{3}{5} =$		44.	$\frac{7}{12} \times \frac{9}{8} =$	

Leçon 7 : Résoudre des problèmes impliquant le volume de prismes rectangulaires avec nombres entiers comme longueurs de côtés.

B

Réponses correctes : _____

Multiplie des fractions

Progrès : _____

1.	$\frac{1}{2} \times \frac{1}{3} =$		23.	$\frac{3}{5} \times \frac{5}{4} =$	
2.	$\frac{1}{2} \times \frac{1}{4} =$		24.	$\frac{4}{5} \times \frac{5}{3} =$	
3.	$\frac{1}{2} \times \frac{1}{5} =$		25.	$\frac{1}{4} \times \frac{1}{4} =$	
4.	$\frac{1}{2} \times \frac{1}{9} =$		26.	$\frac{1}{4} \times \frac{3}{4} =$	
5.	$\frac{1}{9} \times \frac{1}{2} =$		27.	$\frac{3}{4} \times \frac{3}{4} =$	
6.	$\frac{1}{5} \times \frac{1}{2} =$		28.	$\frac{3}{4} \times \frac{4}{3} =$	
7.	$\frac{1}{5} \times \frac{1}{3} =$		29.	$\frac{3}{4} \times \frac{5}{4} =$	
8.	$\frac{1}{5} \times \frac{1}{7} =$		30.	$\frac{3}{4} \times \frac{6}{4} =$	
9.	$\frac{1}{5} \times \frac{1}{3} =$		31.	$\frac{4}{3} \times \frac{4}{6} =$	
10.	$\frac{1}{3} \times \frac{1}{5} =$		32.	$\frac{2}{3} \times \frac{1}{5} =$	
11.	$\frac{1}{3} \times \frac{2}{5} =$		33.	$\frac{2}{3} \times \frac{4}{5} =$	
12.	$\frac{2}{3} \times \frac{2}{5} =$		34.	$\frac{2}{3} \times \frac{5}{5} =$	
13.	$\frac{1}{3} \times \frac{1}{4} =$		35.	$\frac{2}{3} \times \frac{6}{5} =$	
14.	$\frac{1}{3} \times \frac{3}{4} =$		36.	$\frac{1}{3} \times \frac{6}{5} =$	
15.	$\frac{2}{3} \times \frac{3}{4} =$		37.	$\frac{1}{9} \times \frac{1}{9} =$	
16.	$\frac{1}{3} \times \frac{1}{6} =$		38.	$\frac{1}{5} \times \frac{3}{8} =$	
17.	$\frac{2}{3} \times \frac{1}{6} =$		39.	$\frac{3}{4} \times \frac{1}{6} =$	
18.	$\frac{2}{3} \times \frac{5}{6} =$		40.	$\frac{2}{3} \times \frac{2}{3} =$	
19.	$\frac{3}{2} \times \frac{3}{4} =$		41.	$\frac{3}{4} \times \frac{8}{8} =$	
20.	$\frac{1}{5} \times \frac{1}{5} =$		42.	$\frac{2}{3} \times \frac{6}{3} =$	
21.	$\frac{3}{5} \times \frac{3}{5} =$		43.	$\frac{6}{7} \times \frac{8}{9} =$	
22.	$\frac{3}{5} \times \frac{4}{5} =$		44.	$\frac{7}{12} \times \frac{8}{7} =$	

A

Réponses correctes : _____

Multiplie des décimales

1.	3 × 2 =		23.	0,6 × 2 =	
2.	3 × 0,2 =		24.	0,6 × 0,2 =	
3.	3 × 0,02 =		25.	0,6 × 0,02 =	
4.	3 × 3 =		26.	0,2 × 0,06 =	
5.	3 × 0,3 =		27.	5 × 7 =	
6.	3 × 0,03 =		28.	0,5 × 7 =	
7.	2 × 4 =		29.	0,5 × 0,7 =	
8.	2 × 0,4 =		30.	0,5 × 0,07 =	
9.	2 × 0,04 =		31.	0,7 × 0,05 =	
10.	5 × 3 =		32.	2 × 8 =	
11.	5 × 0,3 =		33.	9 × 0,2 =	
12.	5 × 0,03 =		34.	3 × 7 =	
13.	7 × 2 =		35.	8 × 0,03 =	
14.	7 × 0,2 =		36.	4 × 6 =	
15.	7 × 0,02 =		37.	0,6 × 7 =	
16.	4 × 3 =		38.	0,7 × 0,7 =	
17.	4 × 0,3 =		39.	0,8 × 0,06 =	
18.	0,4 × 3 =		40.	0,09 × 0,6 =	
19.	0,4 × 0,3 =		41.	6 × 0,8 =	
20.	0,4 × 0,03 =		42.	0,7 × 0,9 =	
21.	0,3 × 0,04 =		43.	0,08 × 0,8 =	
22.	6 × 2 =		44.	0,9 × 0,08 =	

Leçon 11 : Trouver l'aire de rectangles avec des longueurs de côtés mixtes par mixtes et fraction par fraction en couvrant, faire un dessin, et relier à la multiplication de fraction.

B

Réponses correctes : _____

Multiplie des décimales

Progrès : _____

1.	4 × 2 =	
2.	4 × 0,2 =	
3.	4 × 0,02 =	
4.	2 × 3 =	
5.	2 × 0,3 =	
6.	2 × 0,03 =	
7.	3 × 3 =	
8.	3 × 0,3 =	
9.	3 × 0,03 =	
10.	4 × 3 =	
11.	4 × 0,3 =	
12.	4 × 0,03 =	
13.	9 × 2 =	
14.	9 × 0,2 =	
15.	9 × 0,02 =	
16.	5 × 3 =	
17.	5 × 0,3 =	
18.	0,5 × 3 =	
19.	0,5 × 0,3 =	
20.	0,5 × 0,03 =	
21.	0,3 × 0,05 =	
22.	8 × 2 =	

23.	0,8 × 2 =	
24.	0,8 × 0,2 =	
25.	0,8 × 0,02 =	
26.	0,2 × 0,08 =	
27.	5 × 9 =	
28.	0,5 × 9 =	
29.	0,5 × 0,9 =	
30.	0,5 × 0,09 =	
31.	0,9 × 0,05 =	
32.	2 × 6 =	
33.	7 × 0,2 =	
34.	3 × 8 =	
35.	9 × 0,03 =	
36.	4 × 8 =	
37.	0,7 × 6 =	
38.	0,6 × 0,6 =	
39.	0,6 × 0,08 =	
40.	0,06 × 0,9 =	
41.	8 × 0,6 =	
42.	0,9 × 0,7 =	
43.	0,07 × 0,7 =	
44.	0,8 × 0,09 =	

UNE HISTOIRE D'UNITÉS Leçon 18 Sprint 5•5

A

Réponses correctes : _____

Diviser des nombres entiers par des fractions et des fractions par des nombres entiers

1.	$1/2 \div 2 =$		23.	$4 \div 1/4 =$	
2.	$1/2 \div 3 =$		24.	$1/3 \div 3 =$	
3.	$1/2 \div 4 =$		25.	$2/3 \div 3 =$	
4.	$1/2 \div 7 =$		26.	$1/4 \div 2 =$	
5.	$7 \div 1/2 =$		27.	$3/4 \div 2 =$	
6.	$6 \div 1/2 =$		28.	$1/5 \div 2 =$	
7.	$5 \div 1/2 =$		29.	$3/5 \div 2 =$	
8.	$3 \div 1/2 =$		30.	$1/6 \div 2 =$	
9.	$2 \div 1/5 =$		31.	$5/6 \div 2 =$	
10.	$3 \div 1/5 =$		32.	$5/6 \div 3 =$	
11.	$4 \div 1/5 =$		33.	$1/6 \div 3 =$	
12.	$7 \div 1/5 =$		34.	$3 \div 1/6 =$	
13.	$1/5 \div 7 =$		35.	$6 \div 1/6 =$	
14.	$1/3 \div 2 =$		36.	$7 \div 1/7 =$	
15.	$2 \div 1/3 =$		37.	$8 \div 1/8 =$	
16.	$1/4 \div 2 =$		38.	$9 \div 1/9 =$	
17.	$2 \div 1/4 =$		39.	$1/8 \div 7 =$	
18.	$1/5 \div 2 =$		40.	$9 \div 1/8 =$	
19.	$2 \div 1/5 =$		41.	$1/8 \div 7 =$	
20.	$3 \div 1/4 =$		42.	$7 \div 1/6 =$	
21.	$1/4 \div 3 =$		43.	$9 \div 1/7 =$	
22.	$1/4 \div 4 =$		44.	$1/8 \div 9 =$	

Leçon 18 : Dessiner des rectangles et des losanges pour identifier leurs attributs, et définir les rectangles et les losanges sur base de ces attributs.

UNE HISTOIRE D'UNITÉS Leçon 18 Sprint 5•5

B

Réponses correctes : _____

Diviser des nombres entiers par des fractions et des fractions par des nombres entiers   Progrès : _____

1.	$1/2 \div 2 =$		23.	$3 \div 1/3 =$	
2.	$1/5 \div 3 =$		24.	$1/4 \div 4 =$	
3.	$1/5 \div 4 =$		25.	$3/4 \div 4 =$	
4.	$1/5 \div 7 =$		26.	$1/3 \div 3 =$	
5.	$7 \div 1/5 =$		27.	$2/3 \div 3 =$	
6.	$6 \div 1/5 =$		28.	$1/6 \div 2 =$	
7.	$5 \div 1/5 =$		29.	$5/6 \div 2 =$	
8.	$3 \div 1/5 =$		30.	$1/5 \div 5 =$	
9.	$2 \div 1/2 =$		31.	$3/5 \div 5 =$	
10.	$3 \div 1/2 =$		32.	$3/5 \div 4 =$	
11.	$4 \div 1/2 =$		33.	$1/5 \div 6 =$	
12.	$7 \div 1/2 =$		34.	$6 \div 1/5 =$	
13.	$1/2 \div 7 =$		35.	$6 \div 1/4 =$	
14.	$1/4 \div 2 =$		36.	$7 \div 1/6 =$	
15.	$2 \div 1/4 =$		37.	$8 \div 1/7 =$	
16.	$1/3 \div 2 =$		38.	$9 \div 1/8 =$	
17.	$2 \div 1/3 =$		39.	$1/8 \div 8 =$	
18.	$1/2 \div 2 =$		40.	$9 \div 1/9 =$	
19.	$2 \div 1/2 =$		41.	$1/9 \div 8 =$	
20.	$4 \div 1/3 =$		42.	$7 \div 1/7 =$	
21.	$1/3 \div 4 =$		43.	$9 \div 1/6 =$	
22.	$1/3 \div 3 =$		44.	$1/8 \div 6 =$	

Leçon 18 : Dessiner des rectangles et des losanges pour identifier leurs attributs, et définir les rectangles et les losanges sur base de ces attributs.

A

Réponses correctes : _____

Multiplier par des multiples de 10 et de 100

1.	2 × 10 =		23.	33 × 20 =	
2.	12 × 10 =		24.	33 × 200 =	
3.	12 × 100 =		25.	24 × 10 =	
4.	4 × 10 =		26.	24 × 20 =	
5.	34 × 10 =		27.	24 × 100 =	
6.	34 × 100 =		28.	24 × 200 =	
7.	7 × 10 =		29.	23 × 30 =	
8.	27 × 10 =		30.	23 × 300 =	
9.	27 × 100 =		31.	71 × 2 =	
10.	3 × 10 =		32.	71 × 20 =	
11.	3 × 2 =		33.	14 × 2 =	
12.	3 × 20 =		34.	14 × 3 =	
13.	13 × 10 =		35.	14 × 30 =	
14.	13 × 2 =		36.	14 × 300 =	
15.	13 × 20 =		37.	82 × 20 =	
16.	13 × 100 =		38.	15 × 300 =	
17.	13 × 200 =		39.	71 × 600 =	
18.	2 × 4 =		40.	18 × 40 =	
19.	22 × 4 =		41.	75 × 30 =	
20.	22 × 40 =		42.	84 × 300 =	
21.	22 × 400 =		43.	87 × 60 =	
22.	33 × 2 =		44.	79 × 800 =	

Leçon 19 : Dessiner des cerf-volants et des carrés pour identifier leurs attributs, et définir les cerf-volants et les carrés sur base de ces attributs.

B

Réponses correctes : _____

Multiplier par des multiples de 10 et de 100

Progrès : _____

1.	3 × 10 =	
2.	13 × 10 =	
3.	13 × 100 =	
4.	5 × 10 =	
5.	35 × 10 =	
6.	35 × 100 =	
7.	8 × 10 =	
8.	28 × 10 =	
9.	28 × 100 =	
10.	4 × 10 =	
11.	4 × 2 =	
12.	4 × 20 =	
13.	14 × 10 =	
14.	14 × 2 =	
15.	14 × 20 =	
16.	14 × 100 =	
17.	14 × 200 =	
18.	2 × 3 =	
19.	22 × 3 =	
20.	22 × 30 =	
21.	22 × 300 =	
22.	44 × 2 =	

23.	44 × 20 =	
24.	44 × 200 =	
25.	42 × 10 =	
26.	42 × 20 =	
27.	42 × 100 =	
28.	42 × 200 =	
29.	32 × 30 =	
30.	32 × 300 =	
31.	81 × 2 =	
32.	81 × 20 =	
33.	13 × 3 =	
34.	13 × 4 =	
35.	13 × 40 =	
36.	13 × 400 =	
37.	72 × 30 =	
38.	15 × 300 =	
39.	81 × 600 =	
40.	16 × 40 =	
41.	65 × 30 =	
42.	48 × 300 =	
43.	89 × 60 =	
44.	76 × 800 =	

Leçon 19 : Dessiner des cerf-volants et des carrés pour identifier leurs attributs, et définir les cerf-volants et les carrés sur base de ces attributs.

A

Réponses correctes : _____

Diviser par des multiples de 10 et de 100

1.	30 ÷ 10 =		23.	480 ÷ 4 =	
2.	430 ÷ 10 =		24.	480 ÷ 40 =	
3.	4 300 ÷ 10 =		25.	6 300 ÷ 3 =	
4.	4 300 ÷ 100 =		26.	6 300 ÷ 30 =	
5.	43 000 ÷ 100 =		27.	6 300 ÷ 300 =	
6.	50 ÷ 10 =		28.	8 400 ÷ 2 =	
7.	850 ÷ 10 =		29.	8 400 ÷ 20 =	
8.	8 500 ÷ 10 =		30.	8 400 ÷ 200 =	
9.	8 500 ÷ 100 =		31.	96 000 ÷ 3 =	
10.	85 000 ÷ 100 =		32.	96 000 ÷ 300 =	
11.	600 ÷ 10 =		33.	96 000 ÷ 30 =	
12.	60 ÷ 3 =		34.	900 ÷ 30 =	
13.	600 ÷ 30 =		35.	1 200 ÷ 30 =	
14.	4 000 ÷ 100 =		36.	1 290 ÷ 30 =	
15.	40 ÷ 2 =		37.	1 800 ÷ 300 =	
16.	4 000 ÷ 200 =		38.	8 000 ÷ 200 =	
17.	240 ÷ 10 =		39.	12 000 ÷ 200 =	
18.	24 ÷ 2 =		40.	12 800 ÷ 200 =	
19.	240 ÷ 20 =		41.	2 240 ÷ 70 =	
20.	3 600 ÷ 100 =		42.	18 400 ÷ 800 =	
21.	36 ÷ 3 =		43.	21 600 ÷ 90 =	
22.	3 600 ÷ 300 =		44.	25 200 ÷ 600 =	

Leçon 21 : Dessiner et identifier diverses figures bidimensionnelles à partir d'attributs donnés.

B

Réponses correctes : _____

Diviser par des multiples de 10 et de 100

Progrès : _____

1.	20 ÷ 10 =		23.	840 ÷ 4 =	
2.	420 ÷ 10 =		24.	840 ÷ 40 =	
3.	4 200 ÷ 10 =		25.	3 600 ÷ 3 =	
4.	4 200 ÷ 100 =		26.	3 600 ÷ 30 =	
5.	42 000 ÷ 100 =		27.	3 600 ÷ 300 =	
6.	40 ÷ 10 =		28.	4 800 ÷ 2 =	
7.	840 ÷ 10 =		29.	4 800 ÷ 20 =	
8.	8 400 ÷ 10 =		30.	4 800 ÷ 200 =	
9.	8 400 ÷ 100 =		31.	69 000 ÷ 3 =	
10.	84 000 ÷ 100 =		32.	69 000 ÷ 300 =	
11.	900 ÷ 10 =		33.	69 000 ÷ 30 =	
12.	90 ÷ 3 =		34.	800 ÷ 40 =	
13.	900 ÷ 30 =		35.	1 200 ÷ 40 =	
14.	6 000 ÷ 100 =		36.	1 280 ÷ 40 =	
15.	60 ÷ 2 =		37.	1 600 ÷ 400 =	
16.	6 000 ÷ 200 =		38.	8 000 ÷ 200 =	
17.	240 ÷ 10 =		39.	14 000 ÷ 200 =	
18.	24 ÷ 2 =		40.	14 600 ÷ 200 =	
19.	240 ÷ 20 =		41.	2 560 ÷ 80 =	
20.	6 300 ÷ 100 =		42.	16 100 ÷ 700 =	
21.	63 ÷ 3 =		43.	14 400 ÷ 60 =	
22.	6 300 ÷ 300 =		44.	37 800 ÷ 900 =	

Leçon 21 : Dessiner et identifier diverses figures bidimensionnelles à partir d'attributs donnés.

5e année
Module 6

a.

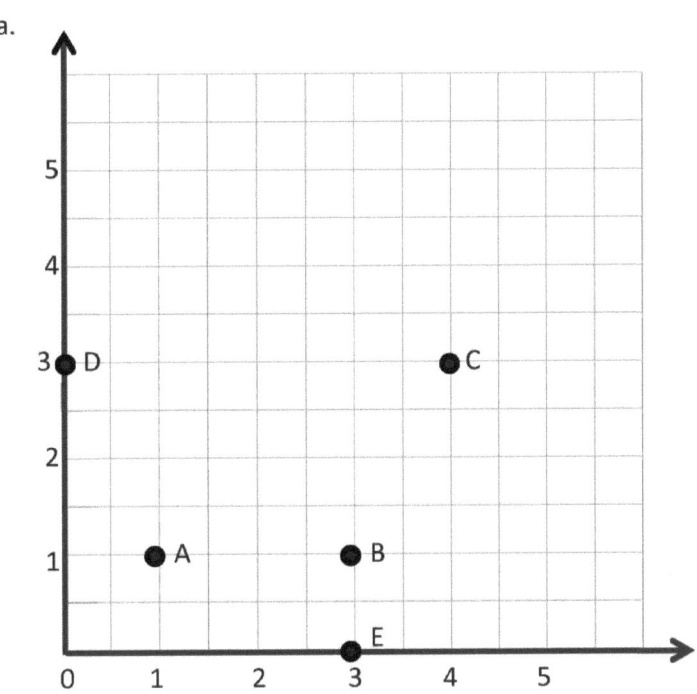

b.

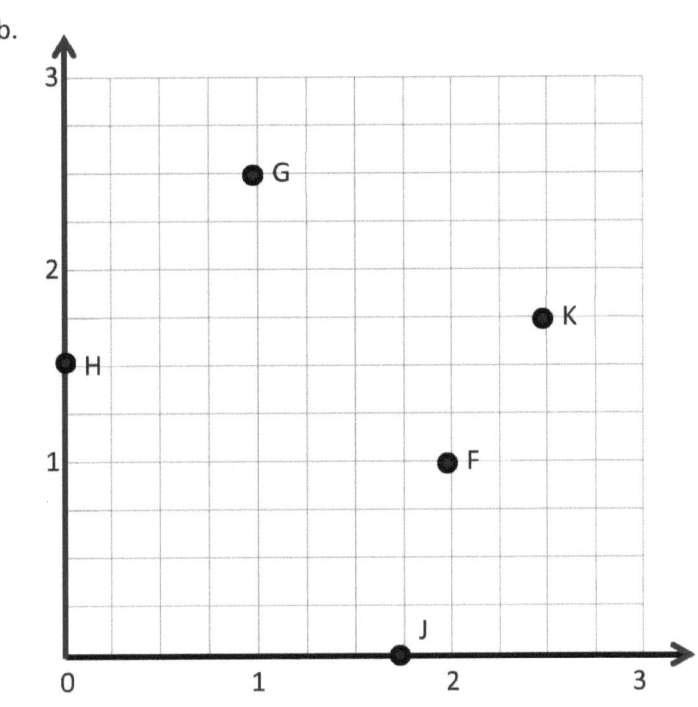

grille de coordonnées

a.
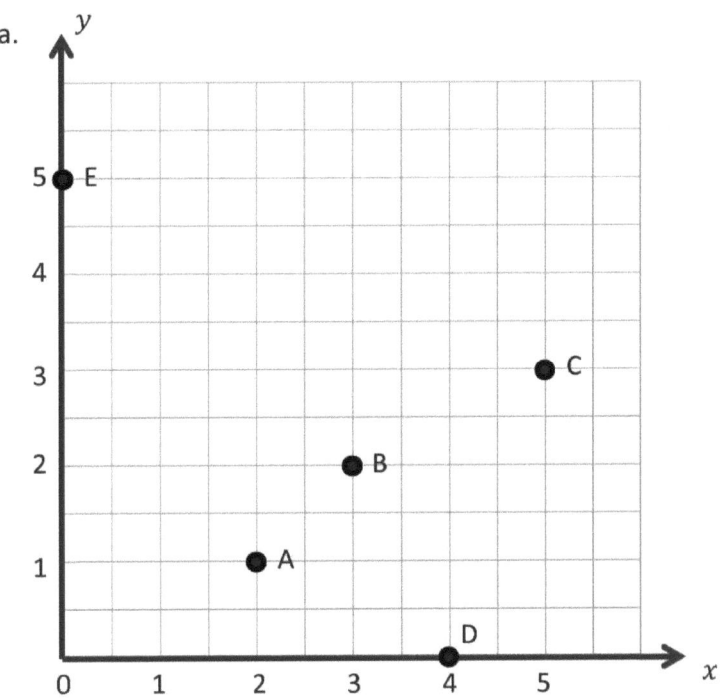

b.
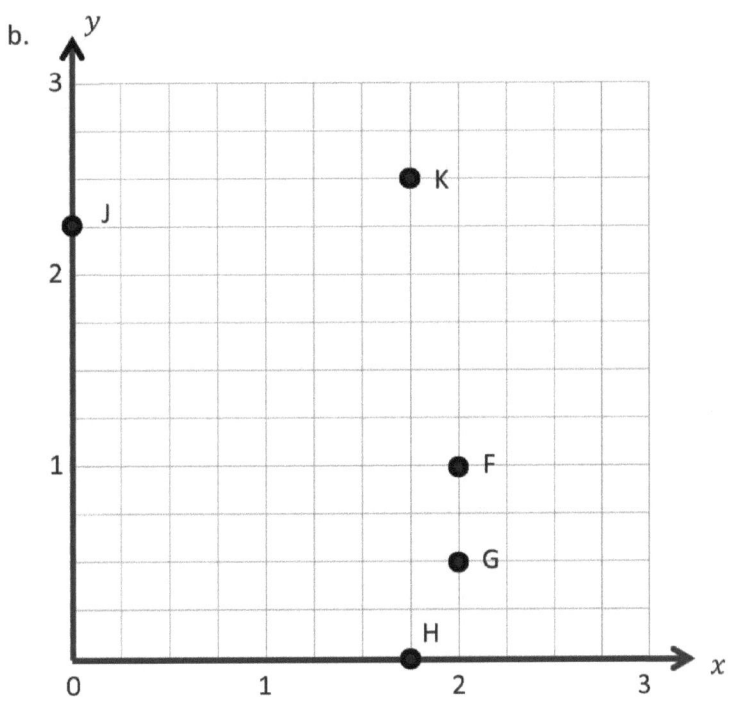

grille de coordonnées

Leçon 6 Modèle de maîtrise

1 000 000	100 000	10 000	1 000	100	10	1	.	$\frac{1}{10}$	$\frac{1}{100}$	$\frac{1}{1000}$
Millions	Centaines de milliers	Dix mille	Milliers	Des centaines	Dizaines	Unités	.	Dixièmes	Centièmes	Millièmes
							.			
							.			
							.			
							.			
							.			
							.			
							.			
							.			
							.			

tableau de valeur de position des millions aux millièmes

Leçon 6 : Rechercher les schémas de lignes verticales et horizontales, et interpréter les points sur le plan comme des distances à partir des axes.

a.

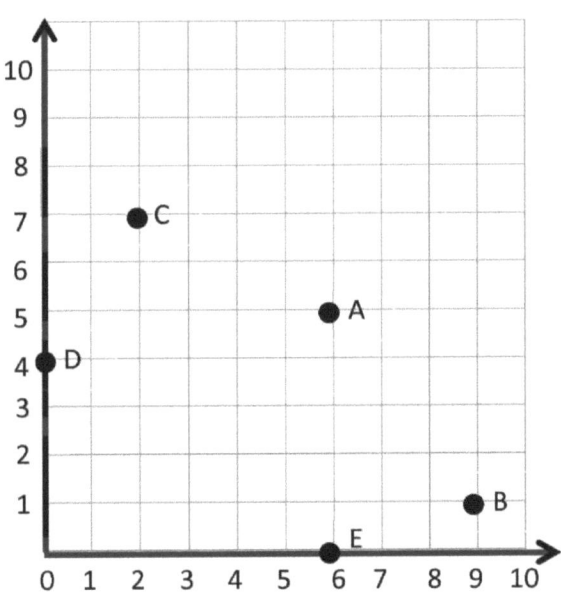

b.

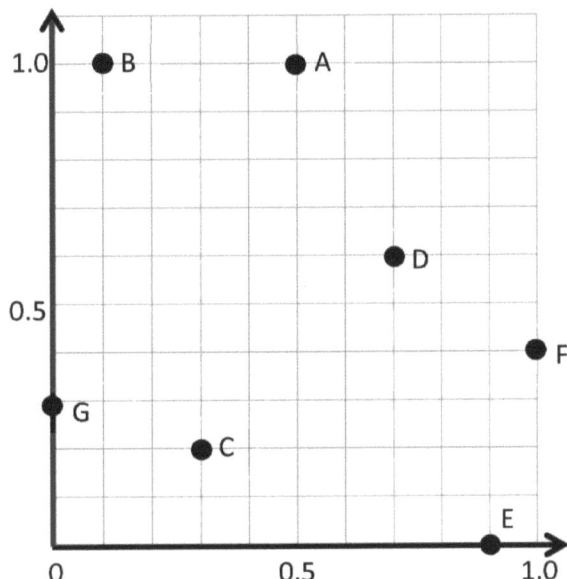

grille de coordonnées

Leçon 7 : Tracer des points, les utiliser pour dessiner des lignes sur le plan, et décrire des schémas dans les paires de coordonnées.

A

Réponses correctes : _____

Multiplier les décimales par 10, 100 et 1 000

1.	62,3 × 10 =			23.	4,1 × 1 000 =	
2.	62,3 × 100 =			24.	7,6 × 1 000 =	
3.	62,3 × 1 000 =			25.	0,01 × 1 000 =	
4.	73,6 × 10 =			26.	0,07 × 1 000 =	
5.	73,6 × 100 =			27.	0,072 × 100 =	
6.	73,6 × 1 000 =			28.	0,802 × 10 =	
7.	0,6 × 10 =			29.	0,019 × 1 000 =	
8.	0,06 × 10 =			30.	7,412 × 1 000 =	
9.	0,006 × 10 =			31.	6,8 × 100 =	
10.	0,3 × 10 =			32.	4,901 × 10 =	
11.	0,3 × 100 =			33.	16,07 × 100 =	
12.	0,3 × 1 000 =			34.	9,19 × 10 =	
13.	0,02 × 10 =			35.	18,2 × 100 =	
14.	0,02 × 100 =			36.	14,7 × 1 000 =	
15.	0,02 × 1 000 =			37.	2,021 × 100 =	
16.	0,008 × 10 =			38.	172,1 × 10 =	
17.	0,008 × 100 =			39.	3,2 × 20 =	
18.	0,008 × 1 000 =			40.	4,1 × 20 =	
19.	0,32 × 10 =			41.	3,2 × 30 =	
20.	0,67 × 10 =			42.	1,3 × 30 =	
21.	0,91 × 100 =			43.	3,12 × 40 =	
22.	0,74 × 100 =			44.	14,12 × 40 =	

Leçon 8 :   Créer un schéma numérique à partir d'une règle donnée, et tracer les points.

UNE HISTOIRE D'UNITÉS   Leçon 8 Sprint 5•6

B

Réponses correctes : _____

Multiplier les décimales par 10, 100 et 1 000   Progrès : _____

1.	46,1 × 10 =		23.	5,2 × 1 000 =	
2.	46,1 × 100 =		24.	8,7 × 1 000 =	
3.	46,1 × 1 000 =		25.	0,01 × 1 000 =	
4.	89,2 × 10 =		26.	0,08 × 1 000 =	
5.	89,2 × 100 =		27.	0,083 × 10 =	
6.	89,2 × 1 000 =		28.	0,903 × 10 =	
7.	0,3 × 10 =		29.	0,017 × 1 000 =	
8.	0,03 × 10 =		30.	8,523 × 1 000 =	
9.	0,003 × 10 =		31.	7,9 × 100 =	
10.	0,9 × 10 =		32.	5,802 × 10 =	
11.	0,9 × 100 =		33.	27,08 × 100 =	
12.	0,9 × 1 000 =		34.	8,18 × 10 =	
13.	0,04 × 10 =		35.	29,3 × 100 =	
14.	0,04 × 100 =		36.	25,8 × 1 000 =	
15.	0,04 × 1 000 =		37.	3,032 × 100 =	
16.	0,007 × 10 =		38.	283,1 × 10 =	
17.	0,007 × 100 =		39.	2,1 × 20 =	
18.	0,007 × 1 000 =		40.	3,3 × 20 =	
19.	0,45 × 10 =		41.	3,1 × 30 =	
20.	0,78 × 10 =		42.	1,2 × 30 =	
21.	0,28 × 100 =		43.	2,11 × 40 =	
22.	0,19 × 100 =		44.	13,11 × 40 =	

Leçon 8 :   Créer un schéma numérique à partir d'une règle donnée, et tracer les points.

Copyright © Great Minds PBC

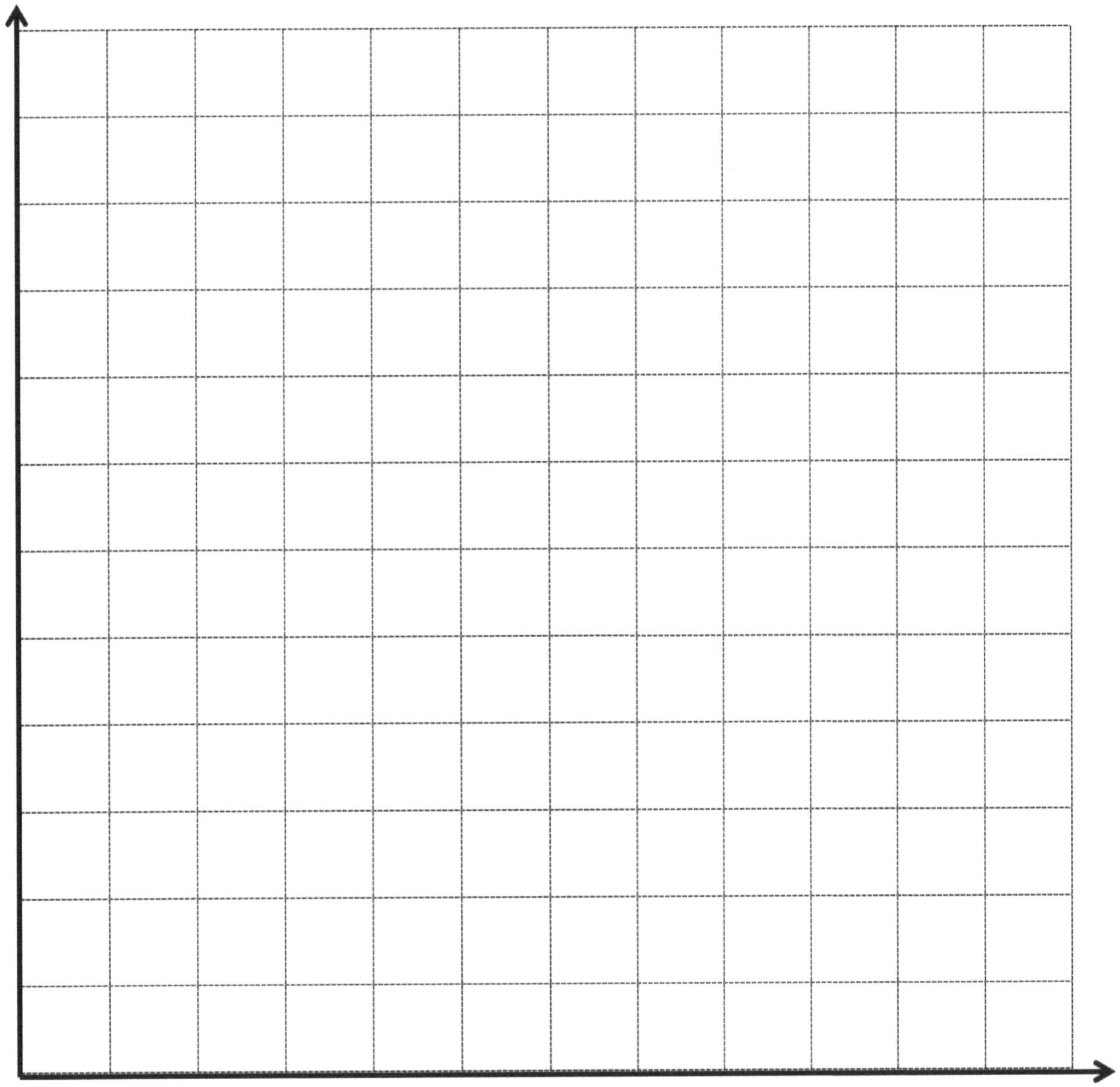

insertion grille de coordonnées

Leçon 8 : Créer un schéma numérique à partir d'une règle donnée, et tracer les points.

A

Réponses correctes : _____

Arrondis à l'unité la plus proche

1.	3,1 ≈		23.	12,51 ≈	
2.	3,2 ≈		24.	16,61 ≈	
3.	3,3 ≈		25.	17,41 ≈	
4.	3,4 ≈		26.	11,51 ≈	
5.	3,5 ≈		27.	11,49 ≈	
6.	3,6 ≈		28.	13,49 ≈	
7.	3,9 ≈		29.	13,51 ≈	
8.	13,9 ≈		30.	15,51 ≈	
9.	13,1 ≈		31.	15,49 ≈	
10.	13,5 ≈		32.	6,3 ≈	
11.	7,5 ≈		33.	7,6 ≈	
12.	8,5 ≈		34.	49,5 ≈	
13.	9,5 ≈		35.	3,45 ≈	
14.	19,5 ≈		36.	17,46 ≈	
15.	29,5 ≈		37.	11,76 ≈	
16.	89,5 ≈		38.	5,2 ≈	
17.	2,4 ≈		39.	12,8 ≈	
18.	2,41 ≈		40.	59,5 ≈	
19.	2,42 ≈		41.	5,45 ≈	
20.	2,45 ≈		42.	19,47 ≈	
21.	2,49 ≈		43.	19,87 ≈	
22.	2,51 ≈		44.	69,51 ≈	

Leçon 11 : Analyser des schémas numériques créés à partir d'opérations mixtes.

B

Réponses correctes : _____

Arrondis à l'unité la plus proche

Progrès : _____

1.	4,1 ≈	
2.	4,2 ≈	
3.	4,3 ≈	
4.	4,4 ≈	
5.	4,5 ≈	
6.	4,6 ≈	
7.	4,9 ≈	
8.	14,9 ≈	
9.	14,1 ≈	
10.	14,5 ≈	
11.	7,5 ≈	
12.	8,5 ≈	
13.	9,5 ≈	
14.	19,5 ≈	
15.	29,5 ≈	
16.	79,5 ≈	
17.	3,4 ≈	
18.	3,41 ≈	
19.	3,42 ≈	
20.	3,45 ≈	
21.	3,49 ≈	
22.	3,51 ≈	

23.	13,51 ≈	
24.	17,61 ≈	
25.	18,41 ≈	
26.	12,51 ≈	
27.	12,49 ≈	
28.	14,49 ≈	
29.	14,51 ≈	
30.	16,51 ≈	
31.	16,49 ≈	
32.	7,3 ≈	
33.	8,6 ≈	
34.	39,5 ≈	
35.	4,45 ≈	
36.	18,46 ≈	
37.	12,76 ≈	
38.	6,2 ≈	
39.	13,8 ≈	
40.	49,5 ≈	
41.	6,45 ≈	
42.	19,48 ≈	
43.	19,78 ≈	
44.	59,51 ≈	

Leçon 11 : Analyser des schémas numériques créés à partir d'opérations mixtes.

A

Réponses correctes : _____

Soustrais les décimales

1.	5 − 1 =		23.	7,985 − 0,002 =	
2.	5,9 − 1 =		24.	7,985 − 0,004 =	
3.	5,93 − 1 =		25.	2,7 − 0,1 =	
4.	5,932 − 1 =		26.	2,785 − 0,1 =	
5.	5,932 − 2 =		27.	2,785 − 0,5 =	
6.	5,932 − 4 =		28.	4,913 − 0,4 =	
7.	0,5 − 0,1 =		29.	3,58 − 0,01 =	
8.	0,53 − 0,1 =		30.	3,586 − 0,01 =	
9.	0,539 − 0,1 =		31.	3,586 − 0,05 =	
10.	8,539 − 0,1 =		32.	7,982 − 0,04 =	
11.	8,539 − 0,2 =		33.	6,126 − 0,001 =	
12.	8,539 − 0,4 =		34.	6,126 − 0,004 =	
13.	0,05 − 0,01 =		35.	9,348 − 0,006 =	
14.	0,057 − 0,01 =		36.	8,347 − 0,3 =	
15.	1,057 − 0,01 =		37.	9,157 − 0,05 =	
16.	1,857 − 0,01 =		38.	6,879 − 0,009 =	
17.	1,857 − 0,02 =		39.	6,548 − 2 =	
18.	1,857 − 0,04 =		40.	6,548 − 0,2 =	
19.	0,005 − 0,001 =		41.	6,548 − 0,02 =	
20.	7,005 − 0,001 =		42.	6,548 − 0,002 =	
21.	7,905 − 0,001 =		43.	6,196 − 0,06 =	
22.	7,985 − 0,001 =		44.	9,517 − 0,004 =	

Leçon 12 : Créer une règle pour générer un schéma numérique, et tracer les points.

B

Réponses correctes : _____

Soustrais les décimales

Progrès : _____

1.	6 − 1 =	
2.	6,9 − 1 =	
3.	6,93 − 1 =	
4.	6,932 − 1 =	
5.	6,932 − 2 =	
6.	6,932 − 4 =	
7.	0,6 − 0,1 =	
8.	0,63 − 0,1 =	
9.	0,639 − 0,1 =	
10.	8,639 − 0,1 =	
11.	8,639 − 0,2 =	
12.	8,639 − 0,4 =	
13.	0,06 − 0,01 =	
14.	0,067 − 0,01 =	
15.	1,067 − 0,01 =	
16.	1,867 − 0,01 =	
17.	1,867 − 0,02 =	
18.	1,867 − 0,04 =	
19.	0,006 − 0,001 =	
20.	7,006 − 0,001 =	
21.	7,906 − 0,001 =	
22.	7,986 − 0,001 =	

23.	7,986 − 0,002 =	
24.	7,986 − 0,004 =	
25.	3,7 − 0,1 =	
26.	3,785 − 0,1 =	
27.	3,785 − 0,5 =	
28.	5,924 − 0,4 =	
29.	4,58 − 0,01 =	
30.	4,586 − 0,01 =	
31.	4,586 − 0,05 =	
32.	6,183 − 0,04 =	
33.	7,127 − 0,001 =	
34.	7,127 − 0,004 =	
35.	1,459 − 0,006 =	
36.	8,457 − 0,4 =	
37.	1,267 − 0,06 =	
38.	7,981 − 0,001 =	
39.	7,548 − 2 =	
40.	7,548 − 0,2 =	
41.	7,548 − 0,02 =	
42.	7,548 − 0,002 =	
43.	7,197 − 0,06 =	
44.	1,627 − 0,004 =	

Leçon 12 : Créer une règle pour générer un schéma numérique, et tracer les points.

A

Réponses correctes : _____

Faire des unités plus grandes

1.	$2/4 =$		23.	$9/27 =$	
2.	$2/6 =$		24.	$9/63 =$	
3.	$2/8 =$		25.	$8/12 =$	
4.	$5/10 =$		26.	$8/16 =$	
5.	$5/15 =$		27.	$8/24 =$	
6.	$5/20 =$		28.	$8/64 =$	
7.	$4/8 =$		29.	$12/18 =$	
8.	$4/12 =$		30.	$12/16 =$	
9.	$4/16 =$		31.	$9/12 =$	
10.	$3/6 =$		32.	$6/8 =$	
11.	$3/9 =$		33.	$10/12 =$	
12.	$3/12 =$		34.	$15/18 =$	
13.	$4/6 =$		35.	$8/10 =$	
14.	$6/12 =$		36.	$16/20 =$	
15.	$6/18 =$		37.	$12/15 =$	
16.	$6/30 =$		38.	$18/27 =$	
17.	$6/9 =$		39.	$27/36 =$	
18.	$7/14 =$		40.	$32/40 =$	
19.	$7/21 =$		41.	$45/54 =$	
20.	$7/42 =$		42.	$24/36 =$	
21.	$8/12 =$		43.	$60/72 =$	
22.	$9/18 =$		44.	$48/60 =$	

Leçon 19 : Tracer des données sur des graphiques linéaires et analyser les tendances.

B

Réponses correctes : _____

Faire des unités plus grandes

Progrès : _____

1.	$5/10 =$		23.	$8/24 =$	
2.	$5/15 =$		24.	$8/56 =$	
3.	$5/20 =$		25.	$8/12 =$	
4.	$2/4 =$		26.	$9/18 =$	
5.	$2/6 =$		27.	$9/27 =$	
6.	$2/8 =$		28.	$9/72 =$	
7.	$3/6 =$		29.	$12/18 =$	
8.	$3/9 =$		30.	$6/8 =$	
9.	$3/12 =$		31.	$9/12 =$	
10.	$4/8 =$		32.	$12/16 =$	
11.	$4/12 =$		33.	$8/10 =$	
12.	$4/16 =$		34.	$16/20 =$	
13.	$4/6 =$		35.	$12/15 =$	
14.	$7/14 =$		36.	$10/12 =$	
15.	$7/21 =$		37.	$15/18 =$	
16.	$7/35 =$		38.	$16/24 =$	
17.	$6/9 =$		39.	$24/32 =$	
18.	$6/12 =$		40.	$36/45 =$	
19.	$6/18 =$		41.	$40/48 =$	
20.	$6/36 =$		42.	$24/36 =$	
21.	$8/12 =$		43.	$48/60 =$	
22.	$8/16 =$		44.	$60/72 =$	

Leçon 19 : Tracer des données sur des graphiques linéaires et analyser les tendances.

A

Réponses correctes : _____

Soustraire des fractions d'un nombre entier

1.	$4 - \frac{1}{2} =$		23.	$3 - \frac{1}{8} =$	
2.	$3 - \frac{1}{2} =$		24.	$3 - \frac{3}{8} =$	
3.	$2 - \frac{1}{2} =$		25.	$3 - \frac{5}{8} =$	
4.	$1 - \frac{1}{2} =$		26.	$3 - \frac{7}{8} =$	
5.	$1 - \frac{1}{3} =$		27.	$2 - \frac{7}{8} =$	
6.	$2 - \frac{1}{3} =$		28.	$4 - \frac{1}{7} =$	
7.	$4 - \frac{1}{3} =$		29.	$3 - \frac{6}{7} =$	
8.	$4 - \frac{2}{3} =$		30.	$2 - \frac{3}{7} =$	
9.	$2 - \frac{2}{3} =$		31.	$4 - \frac{4}{7} =$	
10.	$2 - \frac{1}{4} =$		32.	$3 - \frac{5}{7} =$	
11.	$2 - \frac{3}{4} =$		33.	$4 - \frac{3}{4} =$	
12.	$3 - \frac{3}{4} =$		34.	$2 - \frac{5}{8} =$	
13.	$3 - \frac{1}{4} =$		35.	$3 - \frac{3}{10} =$	
14.	$4 - \frac{3}{4} =$		36.	$4 - \frac{2}{5} =$	
15.	$2 - \frac{1}{10} =$		37.	$4 - \frac{3}{7} =$	
16.	$3 - \frac{9}{10} =$		38.	$3 - \frac{7}{10} =$	
17.	$2 - \frac{7}{10} =$		39.	$3 - \frac{5}{10} =$	
18.	$4 - \frac{3}{10} =$		40.	$4 - \frac{2}{8} =$	
19.	$3 - \frac{1}{5} =$		41.	$2 - \frac{9}{12} =$	
20.	$3 - \frac{2}{5} =$		42.	$4 - \frac{2}{12} =$	
21.	$3 - \frac{4}{5} =$		43.	$3 - \frac{2}{6} =$	
22.	$3 - \frac{3}{5} =$		44.	$2 - \frac{8}{12} =$	

B

Réponses correctes : _____

Soustraire des fractions d'un nombre entier

Progrès : _____

1.	$1 - \frac{1}{2} =$		23.	$2 - \frac{1}{8} =$	
2.	$2 - \frac{1}{2} =$		24.	$2 - \frac{3}{8} =$	
3.	$3 - \frac{1}{2} =$		25.	$2 - \frac{5}{8} =$	
4.	$4 - \frac{1}{2} =$		26.	$2 - \frac{7}{8} =$	
5.	$1 - \frac{1}{4} =$		27.	$4 - \frac{7}{8} =$	
6.	$2 - \frac{1}{4} =$		28.	$3 - \frac{1}{7} =$	
7.	$4 - \frac{1}{4} =$		29.	$2 - \frac{6}{7} =$	
8.	$4 - \frac{3}{4} =$		30.	$4 - \frac{3}{7} =$	
9.	$2 - \frac{3}{4} =$		31.	$3 - \frac{4}{7} =$	
10.	$2 - \frac{1}{3} =$		32.	$2 - \frac{5}{7} =$	
11.	$2 - \frac{2}{3} =$		33.	$3 - \frac{3}{4} =$	
12.	$3 - \frac{2}{3} =$		34.	$4 - \frac{5}{8} =$	
13.	$3 - \frac{1}{3} =$		35.	$2 - \frac{3}{10} =$	
14.	$4 - \frac{2}{3} =$		36.	$3 - \frac{2}{5} =$	
15.	$3 - \frac{1}{10} =$		37.	$3 - \frac{3}{7} =$	
16.	$2 - \frac{9}{10} =$		38.	$2 - \frac{7}{10} =$	
17.	$4 - \frac{7}{10} =$		39.	$2 - \frac{5}{10} =$	
18.	$3 - \frac{3}{10} =$		40.	$3 - \frac{6}{8} =$	
19.	$2 - \frac{1}{5} =$		41.	$4 - \frac{3}{12} =$	
20.	$2 - \frac{2}{5} =$		42.	$3 - \frac{10}{12} =$	
21.	$2 - \frac{4}{5} =$		43.	$2 - \frac{4}{6} =$	
22.	$3 - \frac{3}{5} =$		44.	$4 - \frac{4}{12} =$	

Leçon 20 : Utiliser des systèmes de coordonnées pour résoudre des problèmes réels.

A

Réponses correctes : _____

Changer des nombres mixtes en fractions impropres

1.	$1\frac{1}{5} =$		23.	$2\frac{7}{10} =$	
2.	$2\frac{1}{5} =$		24.	$4\frac{9}{10} =$	
3.	$3\frac{1}{5} =$		25.	$1\frac{1}{8} =$	
4.	$4\frac{1}{5} =$		26.	$1\frac{5}{6} =$	
5.	$1\frac{1}{4} =$		27.	$4\frac{5}{6} =$	
6.	$1\frac{3}{4} =$		28.	$4\frac{5}{8} =$	
7.	$1\frac{2}{5} =$		29.	$1\frac{5}{8} =$	
8.	$1\frac{3}{5} =$		30.	$2\frac{3}{8} =$	
9.	$1\frac{4}{5} =$		31.	$3\frac{3}{10} =$	
10.	$2\frac{4}{5} =$		32.	$4\frac{7}{10} =$	
11.	$3\frac{4}{5} =$		33.	$4\frac{4}{5} =$	
12.	$2\frac{1}{4} =$		34.	$4\frac{1}{8} =$	
13.	$2\frac{3}{4} =$		35.	$4\frac{3}{8} =$	
14.	$3\frac{1}{4} =$		36.	$4\frac{7}{8} =$	
15.	$3\frac{3}{4} =$		37.	$1\frac{5}{12} =$	
16.	$4\frac{1}{3} =$		38.	$1\frac{7}{12} =$	
17.	$4\frac{2}{3} =$		39.	$2\frac{1}{12} =$	
18.	$2\frac{3}{5} =$		40.	$3\frac{1}{12} =$	
19.	$3\frac{3}{5} =$		41.	$2\frac{7}{12} =$	
20.	$4\frac{3}{5} =$		42.	$3\frac{5}{12} =$	
21.	$2\frac{1}{6} =$		43.	$3\frac{11}{12} =$	
22.	$3\frac{1}{8} =$		44.	$4\frac{7}{12} =$	

Leçon 23 : Comprendre des problèmes complexes, à plusieurs étapes, et persévérer pour les résoudre. Partager et commenter les solutions de ses camarades.

B

Réponses correctes : _____

Changer des nombres mixtes en fractions impropres

Progrès : _____

1.	$1\frac{1}{2} =$		23.	$2\frac{3}{10} =$	
2.	$2\frac{1}{2} =$		24.	$3\frac{1}{10} =$	
3.	$3\frac{1}{2} =$		25.	$1\frac{1}{6} =$	
4.	$4\frac{1}{2} =$		26.	$1\frac{3}{8} =$	
5.	$1\frac{1}{3} =$		27.	$3\frac{5}{6} =$	
6.	$1\frac{2}{3} =$		28.	$3\frac{5}{8} =$	
7.	$1\frac{3}{10} =$		29.	$2\frac{5}{8} =$	
8.	$1\frac{7}{10} =$		30.	$1\frac{7}{8} =$	
9.	$1\frac{9}{10} =$		31.	$4\frac{3}{10} =$	
10.	$2\frac{9}{10} =$		32.	$3\frac{7}{10} =$	
11.	$3\frac{9}{10} =$		33.	$2\frac{5}{6} =$	
12.	$2\frac{1}{3} =$		34.	$2\frac{7}{8} =$	
13.	$2\frac{2}{3} =$		35.	$3\frac{7}{8} =$	
14.	$3\frac{1}{3} =$		36.	$4\frac{1}{6} =$	
15.	$3\frac{2}{3} =$		37.	$1\frac{1}{12} =$	
16.	$4\frac{1}{4} =$		38.	$1\frac{11}{12} =$	
17.	$4\frac{3}{4} =$		39.	$4\frac{1}{12} =$	
18.	$2\frac{2}{5} =$		40.	$2\frac{5}{12} =$	
19.	$3\frac{2}{5} =$		41.	$2\frac{11}{12} =$	
20.	$4\frac{2}{5} =$		42.	$3\frac{7}{12} =$	
21.	$3\frac{1}{6} =$		43.	$4\frac{5}{12} =$	
22.	$2\frac{1}{8} =$		44.	$4\frac{11}{12} =$	

A

Réponses correctes : _____

Multiplie des décimales

1.	3 × 2 =		23.	0,6 × 2 =	
2.	3 × 0,2 =		24.	0,6 × 0,2 =	
3.	3 × 0,02 =		25.	0,6 × 0,02 =	
4.	3 × 3 =		26.	0,2 × 0,06 =	
5.	3 × 0,3 =		27.	5 × 7 =	
6.	3 × 0,03 =		28.	0,5 × 7 =	
7.	2 × 4 =		29.	0,5 × 0,7 =	
8.	2 × 0,4 =		30.	0,5 × 0,07 =	
9.	2 × 0,04 =		31.	0,7 × 0,05 =	
10.	5 × 3 =		32.	2 × 8 =	
11.	5 × 0,3 =		33.	9 × 0,2 =	
12.	5 × 0,03 =		34.	3 × 7 =	
13.	7 × 2 =		35.	8 × 0,03 =	
14.	7 × 0,2 =		36.	4 × 6 =	
15.	7 × 0,02 =		37.	0,6 × 7 =	
16.	4 × 3 =		38.	0,7 × 0,7 =	
17.	4 × 0,3 =		39.	0,8 × 0,06 =	
18.	0,4 × 3 =		40.	0,09 × 0,6 =	
19.	0,4 × 0,3 =		41.	6 × 0,8 =	
20.	0,4 × 0,03 =		42.	0,7 × 0,9 =	
21.	0,3 × 0,04 =		43.	0,08 × 0,8 =	
22.	6 × 2 =		44.	0,9 × 0,08 =	

Leçon 29 : Consolider le vocabulaire de géométrie.

B

Réponses correctes : _____

Multiplie des décimales

Progrès : _____

1.	4 × 2 =	
2.	4 × 0,2 =	
3.	4 × 0,02 =	
4.	2 × 3 =	
5.	2 × 0,3 =	
6.	2 × 0,03 =	
7.	3 × 3 =	
8.	3 × 0,3 =	
9.	3 × 0,03 =	
10.	4 × 3 =	
11.	4 × 0,3 =	
12.	4 × 0,03 =	
13.	9 × 2 =	
14.	9 × 0,2 =	
15.	9 × 0,02 =	
16.	5 × 3 =	
17.	5 × 0,3 =	
18.	0,5 × 3 =	
19.	0,5 × 0,3 =	
20.	0,5 × 0,03 =	
21.	0,3 × 0,05 =	
22.	8 × 2 =	

23.	0,8 × 2 =	
24.	0,8 × 0,2 =	
25.	0,8 × 0,02 =	
26.	0,2 × 0,08 =	
27.	5 × 9 =	
28.	0,5 × 9 =	
29.	0,5 × 0,9 =	
30.	0,5 × 0,09 =	
31.	0,9 × 0,05 =	
32.	2 × 6 =	
33.	7 × 0,2 =	
34.	3 × 8 =	
35.	9 × 0,03 =	
36.	4 × 8 =	
37.	0,7 × 6 =	
38.	0,6 × 0,6 =	
39.	0,6 × 0,08 =	
40.	0,06 × 0,9 =	
41.	8 × 0,6 =	
42.	0,9 × 0,7 =	
43.	0,07 × 0,7 =	
44.	0,8 × 0,09 =	

A

Réponses correctes : _____

Divise des décimales

1.	1 ÷ 1 =		23.	5 ÷ 0,1 =	
2.	1 ÷ 0,1 =		24.	0,5 ÷ 0,1 =	
3.	2 ÷ 0,1 =		25.	0,05 ÷ 0,1 =	
4.	7 ÷ 0,1 =		26.	0,08 ÷ 0,1 =	
5.	1 ÷ 0,1 =		27.	4 ÷ 0,01 =	
6.	10 ÷ 0,1 =		28.	40 ÷ 0,01 =	
7.	20 ÷ 0,1 =		29.	47 ÷ 0,01 =	
8.	60 ÷ 0,1 =		30.	59 ÷ 0,01 =	
9.	1 ÷ 1 =		31.	3 ÷ 0,1 =	
10.	1 ÷ 0,1 =		32.	30 ÷ 0,1 =	
11.	10 ÷ 0,1 =		33.	32 ÷ 0,1 =	
12.	100 ÷ 0,1 =		34.	32,5 ÷ 0,1 =	
13.	200 ÷ 0,1 =		35.	25 ÷ 5 =	
14.	800 ÷ 0,1 =		36.	2,5 ÷ 0,5 =	
15.	1 ÷ 0,1 =		37.	2,5 ÷ 0,05 =	
16.	1 ÷ 0,01 =		38.	3,6 ÷ 0,04 =	
17.	2 ÷ 0,01 =		39.	32 ÷ 0,08 =	
18.	9 ÷ 0,01 =		40.	56 ÷ 0,7 =	
19.	5 ÷ 0,01 =		41.	77 ÷ 1,1 =	
20.	50 ÷ 0,01 =		42.	4,8 ÷ 0,12 =	
21.	60 ÷ 0,01 =		43.	4,84 ÷ 0,4 =	
22.	20 ÷ 0,01 =		44.	9,63 ÷ 0,03 =	

Leçon 33 : Concevoir et construire des boîtes pour garder le matériel à utiliser pendant l'été.

B

Réponses correctes : _____

Divise des décimales   Progrès : _____

1.	10 ÷ 1 =		23.	4 ÷ 0,1 =	
2.	1 ÷ 0,1 =		24.	0,4 ÷ 0,1 =	
3.	2 ÷ 0,1 =		25.	0,04 ÷ 0,1 =	
4.	8 ÷ 0,1 =		26.	0,07 ÷ 0,1 =	
5.	1 ÷ 0,1 =		27.	5 ÷ 0,01 =	
6.	10 ÷ 0,1 =		28.	50 ÷ 0,01 =	
7.	20 ÷ 0,1 =		29.	53 ÷ 0,01 =	
8.	70 ÷ 0,1 =		30.	68 ÷ 0,01 =	
9.	1 ÷ 1 =		31.	2 ÷ 0,1 =	
10.	1 ÷ 0,1 =		32.	20 ÷ 0,1 =	
11.	10 ÷ 0,1 =		33.	23 ÷ 0,1 =	
12.	100 ÷ 0,1 =		34.	23,6 ÷ 0,1 =	
13.	200 ÷ 0,1 =		35.	15 ÷ 5 =	
14.	900 ÷ 0,1 =		36.	1,5 ÷ 0,5 =	
15.	1 ÷ 0,1 =		37.	1,5 ÷ 0,05 =	
16.	1 ÷ 0,01 =		38.	3,2 ÷ 0,04 =	
17.	2 ÷ 0,01 =		39.	28 ÷ 0,07 =	
18.	7 ÷ 0,01 =		40.	42 ÷ 0,6 =	
19.	4 ÷ 0,01 =		41.	88 ÷ 1,1 =	
20.	40 ÷ 0,01 =		42.	3,6 ÷ 0,12 =	
21.	50 ÷ 0,01 =		43.	3,63 ÷ 0,3 =	
22.	80 ÷ 0,01 =		44.	8,44 ÷ 0,04 =	

Leçon 33 : Concevoir et construire des boîtes pour garder le matériel à utiliser pendant l'été.

Crédits

Great Minds® a fait tout son possible pour obtenir l'autorisation de réimprimer tout le matériel protégé par des droits d'auteur. Si un propriétaire de matériel protégé par des droits d'auteur n'est pas mentionné dans le présent document, veuillez contacter Great Minds pour qu'il soit dûment mentionné dans toutes les éditions et réimpressions futures de ce module.

Printed by Libri Plureos GmbH in Hamburg, Germany